AF382752

NACHRICHTEN VOM HOF VI

Johannes F., Martina, Julia und Tobias Hartkemeyer

NACHRICHTEN VOM HOF VI

Wo sich Huhn und Schwein „Guten Tag" sagen

Das Jahr 2017 auf CSA Hof Pente

Text © 2017 Johannes, Martina, Julia & Tobias Hartkemeyer
Fotos © von Tobias Hartkemeyer
weitere Mitwirkende: **CSA Hof Pente Team**
Herausgegeben von Pentertainment Productions

Herstellung un Verlag:
BoD - Books on Demand, Norderstedt
ISBN 978-3-7460-4732-4

INHALT

VORWORT

Noch nie, so scheint es, gab es so großes öffentliches Interesse an einer Form von Landwirtschaft, welche die natürlichen Lebensgrundlagen schützt, mit Tieren wesensgemäß umgeht und gesunde pestizidfreie Lebensmittel erzeugt. Jetzt, wo es zu einer Wende schon fast zu spät ist, wird immer deutlicher, in welche Sackgasse sich die industrialisierte Landwirtschaft begeben und wie weit sie sich von den Vorstellungen und Erwartungen der meisten Verbraucher entfernt hat.

Nach den neuesten alarmierenden Untersuchungen bei den Insekten, wo der Artenschwund etwa 75% beträgt und dem rapiden Rückgang bei den Singvögeln werden die Medien langsam wach. Sie ahnen, dass eine solche Form von Landwirtschaft die Basis für eine zukunftsfähige Ernährung und ein stabiles Klima untergräbt. Immer mehr Menschen scheinen nachzudenken und einen Zusammenhang herzustellen zwischen den Lebensbedingungen von den Tieren in den Massentierhaltungen und den Sonderangeboten von Aldi-Penny-Netto.

Immer mehr Menschen begreifen, dass sie selbst tätig werden müssen, um die Landwirtschaft aus den Krallen des Kapitalverwertungsinteresses von Konzernen befreien. Sie finden es befriedigend zu erleben, wie die Tiere aufwachsen, die Pflanzen pestizidfrei gedeihen und die Menschen von ihrer gärtnerischen und landwirtschaftlichen Arbeit leben können.

In einer Welt, wo sich nicht nur Huhn und Schwein „guten Tag" wünschen können, sondern diejenigen Menschen zu sehen sind, von denen sie gepflegt werden, können neue Lebensbedingungen zwischen Pflanzen und Tieren und Menschen entstehen, die zukunftsfähig sind. Der CSA-Hof Pente will mit diesem sechsten Band der Nachrichten vom Hof diese Form von Landwirtschaft transparent machen und auch in den internationalen Zusammenhang einer zukunftsfähigen Welt einbinden.

Viel Erlebnisfreude wünschen Eure Familien Hartkemeyer!

Sonnenaufgang in Pente

Guter Tag.
Da prüft man doch: was bringt er?
Und wie langsam liest man seine Schrift.
Rascher, reiner, kühner, unbedingter:
Oh, wie uns die Freude übertrifft.

Ist uns als Künftigste zuvor,
wendet sich und blickt und macht uns schneller,
und wir folgen wie die Vogelsteller,
und das Herz klingt oben bis ins Ohr.

Glück: was rollt das schwer auf seinem Rade,
müde, immer wieder unbereit;
aber Freude steht und blüht gerade,
und wir treten an die Jahreszeit.

Rainer Maria Rilke

Der milde, müde, dunkle Dezember hat durch sein Not-wendiges Lichter-fest neue freudige Lebenshoffnung geboren. Weihnachten als Lichtereignis der christlichen Heilsbotschaft fand bei den Germanen wohl einen so großen Anklang, weil es die ersehnte Wintersonnenwende am 21. Dezember noch überhöhte. Eigentlich ist ja das „Geburtstag feiern" eine zutiefst unchristliche Angelegenheit. In der Bibel ist niemand erwähnt, der je seinen Geburtstag gefeiert hätte, außer Heiden und Sünder, wie der Pharao oder König Herodes. Die Namens-(Todes)-tage der Märtyrer stehen im Mittelpunkt. Gott sei Dank ist es den Missionaren noch gelungen, den Geburtstag des Christkindes mit Engeln, Kometen und Magiern aus dem geheimnisvollen Orient aufzupeppen, sonst hätten ihn die lebenslustigen Germanen vielleicht gar nicht angenom-men. Die 12 Tage zwischen dem 24. Dezember und dem 5. Januar werden in der Volksmythologie als „Rauhnächte" bezeichnet. Die Zeit „zwischen den Jahren" hängt mit dem germanischen Mondkalender zusammen. In diesen übrig gebliebenen Tagen „zwischen den Welten" sollte demnach keine Arbeit verrichtet werden. (Weih)rauch wurde früher in dieser Zeit eingesetzt, um Gespenster zu vertreiben. Nicht nur Geister sollen demnach umgehen, sondern auch das Tor zur „Anderswelt" offen stehen. Deshalb fanden die Träume in diesen Tagen besondere Aufmerksamkeit. Auch soll man in dieser Zeit keine weißen Laken aufhängen, weil sich „Wotans wilde Jagd" darin verfangen könnte. Bringt Unglück, vor allem, wenn sich Wotan mit Frau Holle darin verheddert. Deshalb hat man bei uns früher in dieser Zeit sicherheitshalber gar keine Wäsche gewaschen. Na ja, vielleicht hilft ja heute auch ein Räucherstäbchen.

Um das Lichterfest ein klein wenig zu erleuchten, haben uns unsere Bienen mit Wachs und Honig etwas geholfen. Die Familie Kühnert fertigte für die Mitglieder in Handarbeit rund 300 Bienenwachskerzen. Vielen Dank!

Zum Thema Weihnachtsbraten erzählte unser Schlosser Frank, wie er früher mit dem wundersamen Verfahren beauftragt war, Wasser schnittfest zu machen.- Jesus konnte ja schließlich am See Genezareth auch übers Wasser gehen.- Frank reparierte in der Lebensmittelindustrie die Maschinen, die mit hohem Druck Salzwasser mit winzigen Düsen in Fleisch pressten. 17% Wassergehalt sind zur Erhöhung der Profitrate sogar offiziell erlaubt.

Über Weihnachten waren wir auch damit beschäftigt, unsere Hühner bei Laune zu halten, die wegen der aviären Influenza H5N8 (Vogelgrippe) eingesperrt werden mussten und noch müssen. Es stellt sich immer mehr heraus, dass die offizielle These, diese Krankheit stamme in erster Linie aus der Welt der Zugvögel, immer unhaltbarer wird („Die Stallpflicht ist schädlich", Der Spiegel vom 10.12.2016). Der Ornithologe und Ökologe Prof. Reichholf hält im Gegenteil das Szenario für viel wahrscheinlicher, dass die Wildvögel aus Abluft und Gülle der industriellen Massentierhaltungen infiziert werden. Die „offiziellen" Wissenschaftler vom Friedrich-Löffler-Institut (manche leben von Weisungen, andere von Überweisungen) weigern sich hartnäckig, die Stoffströme aus den Massentierhaltungen mit ihren hohen Besatzdichten zu untersuchen und dieser These nachzugehen (Telepolis, „Virus mit Stallpflicht" 28.12.2016). Es gibt Leute, die haben den Nagel mit dem Kopf getroffen.

Der Kinderbauernhof hat sich beherzt entschieden, sich dem mildtätigen Werke zum Wohle der bedrohten Kreatur zuzuwenden. Ein Hühnerkrankenhaus mit einer Abteilung für Unfallchirurgie und Akutmedizin im Parterre, sowie einer Abteilung für Psychosomatik und kosmetische Medizin in der ersten Etage konnte, umgehend von Klinikdirektor und Chefarzt Albert beim Bauwagen am Kinderwäldchen eröffnet werden. Sorgfältig wurde das gebrochene Bein der Patientin Roberta vom zärtlichen Pflegedienst der Kinder geschient. Mittlerweile ist der Genesungsprozess soweit fortgeschritten, dass Roberta schon aktiv zur Bewegungstherapie übergehen kann. Auch dass total verpickte Mobbingopfer Edeltrud lächelt schon wieder und kann mit beiden Augen in die Wintersonne blinzeln. Krankenpfleger Johanna und Keno übernahmen während der Weihnachtstage die Pflegedienstleitung und bekamen sogleich von den Patientinnen aus Dankbarkeit selbst gemachte frisch gelegte Eier geschenkt.

Zimmermannsmeister Winfried, der den Holzaufbau des Bauwagens vom Wald-Kindergarten sorgfältig errichtet hatte, machte den Mitarbeitenden des Hofes ein besonderes Geschenk. Er, der immer mit blitzsauberer Zimmermannskluft arbeitet, -schneeweißes Hemd und schwarze Hose,- konnte wohl das Outfit der zerlumpten und abgewetzten Gestalten des Hofes nicht mehr ertragen. Er verzichtete auf seinen kompletten Meisterlohn unter der Bedingung, dass der Hof dafür fesche Arbeitshosen für alle anschafft. Ein herzliches Dankeschön!

Durch die Wahl von Donald Trump zum neuen US Präsidenten ist offenbar das heile Weltbild der US Propagandisten in unseren Medien völlig zusammengebrochen. Sicher wird sich einiges verändern. Die Zeiten, in denen Frau Michelle Obama die Präsidentenfamilie mit Bio-Lebensmitteln ernährte, im Garten des Weißen Hauses einen Gemüsegarten anlegte und sich für gesunde Ernährung einsetzte, sind wohl vorbei. Aber, die Wahl von Hillary Clinton zur Präsidentin hätte, so der ehemalige Staatssekretär im Bundesverteidigungsministeriums Willy Wimmer, (www.Hallertau.info) einen dritten Weltkrieg bedeuten können. Sie habe nicht nur den völkerrechtswidrigen Angriffskrieg der USA gegen den Irak massiv unterstützt, sondern sei auch mitverantwortlich für die akute Zuspitzung des Verhältnisses mit Russland und wolle die europäischen Staaten in eine höchst gefährliche militärische Eskalation mit Putin hineintreiben.

Trump will die US-Umweltbehörde abschaffen, die bislang Pestizide zulassen muss. Er besetzt sein 65 köpfiges „Agrarteam" mit dem „Who is who" der industriellen Agrarlobby und der Pestizidmafia. Und macht Exxon-Chef Rex Tillerson zum Anwärter auf das Außenministerium. Aber war es unter den Vorgängern wirklich anders? Vielleicht verdeckter. Der Chefstratege des Überfalls auf den Irak, Dick Cheney, betrieb die Zerstörung der irakischen Ölförderanlagen. Zufällig war er auch der Chef des größten Ölförderanlagenherstellers Halliburton. Vizepräsident Joe Biden und Außenminister John Kerry betreiben die Zuspitzung des Konfliktes mit Rußland wegen der Ukraine. Ihre Familien besitzen zufällig mittlerweile große Geschäftsanteile an ukrainischen Energiekonzernen. Aber es macht schon einen Unterschied, ob man an Geschäften mit Rußland profitieren oder durch seine Zerstörung geostrategische Vorteile ziehen möchte. Allerdings werden durch das Kabinett der Milliardäre die Umwelt, letztlich wir alle, gelackmeiert sein. Da wird der Bock zum Gärtner, der Fuchs zum Hühnerhirten und der Wolf zum Schäfer gemacht. Und die Menschenrechte? Kein Präsident hat mehr unschuldige Whistleblower einsperren lassen als Obama. Edward Snowden muss sich vor den Killerkommandos der US Geheimdienste in Rußland verstecken. Der kleine Soldat Bradley Manning, welcher es nicht ertragen konnte, wie US Kampfpiloten nur zum Spaß Jagd auf unbewaffnete Zivilisten machten und diese Videos der Weltöffentlichkeit leakte, sitzt in Einzelhaft. Tausende, auch völlig unschuldige Zivilisten (Kollateralschäden) in verschiedenen Ländern wurden auf Verdacht ohne Rechtsgrundlage auf seinen Befehl durch Kampfdrohnen umgebracht. Jetzt will er Putin wegen seiner angeblichen Einmischung in den US-Wahlkampf eins auswischen und droht mit „verdeckten Operationen". Seltsamer Weise stürzte kurz danach ein Flugzeug der russischen Luftwaffe mit den Sängern des Armeechors aus „ungeklärten Gründen" ins Schwarze Meer.

Das leidliche Thema Glyphosat schleicht sich immer noch unterhalb des Themenradars und des Erregungsspiegels der Medien durch die hinterlistige Wirklichkeit. Während Greenpeace beim Europäischen Gerichtshof erreicht hat, dass einige noch geheim gehaltene Unterlagen über die Krebswirkung offengelegt werden müssen, beschließt die CDU auf ihrem Parteitag im Dezember, sich dafür einzusetzen, dass dieses Gift auch weiterhin bedenkenlos in der Lebensmittelerzeugung eingesetzt wird. Eine offenbar völlig unwichtige Meldung für die Medien, die sich eher an so bedeutenden Themen wie der Farbe von Merkels Rock labten. Folgerichtig erschien unser Leserbrief zur geplanten Bayer-Monsanto Fusion auch in keinem der „Qualitätsmedien" (Spiegel, Süddeutsche Zeitung, Frankfurter Allgemeine). Nur die unabhängige Bauernstimme brachte ihn ohne Kürzung.

Was wichtig ist, bestimmen die Medien nach dem Motto: Ein umstürzender Baum macht mehr Krach als ein sterbender Wald. Ein Terroranschlag beherrscht, ohne dass neue Erkenntnisse geboten werden, die Bedeutung für das praktische Leben des Einzelnen haben, tagelang die Schlagzeilen. Dass in der gleichen Zeit etwa 50.000 Kinder an Hunger gestorben sind, ist nicht einmal eine Fußnote wert. So wird das eigentliche Geschäft der Terroristen betrieben, nämlich flächendeckend Angst und Schrecken zu verbreiten.

Da ist es gut, wenn es noch andere Themen gibt, die unseren Alltag auf friedliche Art und Weise begleiten können. Wir sind froh darüber, dass die Mitgliedergemeinschaft bereits fast 3.900 € für die **Arbeit mit Pferden** auf unserem Hof zusammengebracht hat. Pferde sind im Grunde genommen friedliche Tiere. Wenn man so will, lieben sie die Farbe Blau, wie schon der Maler Frans Marc erkannte...

Sie sind Herdentiere und genießen es, in einer geordneten Gruppenstruktur miteinander gut auszukommen. Gerne chillen sie auch mit lockerem Spielbein. Pferde sind aber auch Fluchttiere. Man sollte sie nicht mit einer 3-D- Brille ausrüsten und nicht ins Kino zu einem Harry Potter Film mitnehmen.

Der Fluchtinstinkt ist ihr wichtigster Überlebensimpuls. Je schneller sie in einer für sie als bedrohlich empfundenen Situation reagieren, desto höher ist ihre Überlebenschance. Das hat ihnen die Evolution in den letzten Jahrtausenden beigebracht.

Pferde sind aber auch Kulturtiere. Sie haben sich bereits vor vielen Jahrhunderten entschieden, mit dem Menschen zusammenzuleben. Pferde lernen in der Regel gerne mit dem Menschen. Aber sie brauchen dafür eine klare Ansage und eine geklärte Hierarchie. Sie merken sofort, mit welchen Gefühlen der Mensch an sie heran tritt.

Weiß ich, was ich möchte? Bin ich ge- entspannt? Bin ich un- sicher? Pferde spiegeln sofort die eigene Klarheit, Unsicherheit, Führungsfähigkeit…

Pferde schätzen, weil sie Fluchttiere sind, sofort jede Situation nach zwei Hauptkriterien ein:
-   Ist das schlimm? Oder nicht schlimm?
-   Kenne ich das? Ist es gefährlich oder nicht gefährlich?

Pferde gehen mit den Menschen in eine Beziehung. Und sie handeln aus dieser Beziehung heraus.

Man kann Pferde grundsätzlich aus drei verschiedenen Haltungen trainieren, aus denen sie dann reagieren: Handeln aus

- Angst, - Zuneigung, - Erwartung einer Belohnung.

Auch Pferde können sich entscheiden, freiwillig das zu tun, was der Mensch von ihnen möchte.

Das setzt aber Klarheit und ein Gefühl von Wertschätzung voraus. Und es setzt auch voraus, dass der Mensch seine eigene Autorität so ausbildet, dass das Pferd sie akzeptieren kann.

Wie einige unserer Mitglieder sicher noch erinnern, hatte Thomas Bühner, der Chefkoch von „La Vie" in einer Fernsehsendung ein Vergleichsmenü aus normalen EU biozertifizierten Zutaten aus einem Supermarkt und den Produkten unseres Hofes in seinem Restaurant testen lassen, mit dem eindeutigen Ergebnis, das für unsere Anbauweise sprach. Wir gratulieren Thomas Bühner für die erneute Auszeichnung mit drei Sternen!

Die Europäische Union und Landwirtschaftskammer Niedersachsen fördern ein neues Bildungsprojekt auf unserem Hof. Vielseitige landwirtschaftliche Betriebe zu Lernorten weiterzuentwickeln, ist das Ziel des Förderprogramms, für das nun der CSA Hof Pente ausgewählt worden ist. Dahinter steht ein Netzwerk von Höfen und Bildungspartnern, welche die Landwirtschaft nicht nur als abstrakten Rohstofflieferanten für den Weltmarkt sehen, sondern seine vielfältigen Qualitäten als Mitweltgestalter, multifunktionales Lern- und Arbeitsfeld, sowie als sozialen Erfahrungsraum hervorheben und ausbauen möchten. „Transparenz schaffen" heißt das Motto, unter das sich die Informations- und Bildungsprogramme von Hof Pente stellen wollen. Die Wertschätzung der Landwirtschaft einschließlich Gartenbau als Grundlage der menschlichen Ernährungskultur, sowie der praktischen Arbeit, sind Basis dieser Programme.

Wir freuen uns, dass die zuständigen Behörden sehr zügig, Ende Dezember, dem Antrag auf Anerkennung der Gemeinschaftsstiftung Hof Pente positiv entschieden haben. Den Vorstand bilden die Mitglieder Ingo Wienkämper und Kai Brickwedde, sowie Julia Hartkemeyer.

Am einem 21. Januar ist wieder in Berlin die große Demonstration für:
- Bauernhöfe statt Agrarindustrie
- Gesundes Essen statt Umweltverschmutzung und Tier Leid
- Demokratie statt Konzernmacht.

Jeder ist eingeladen!
Alle vom Hof Pente wünschen Euch ein glückliches und gesundes neues Jahr!

FEBRUAR 2017

Macht macht nix

(aus gegebenem Anlass)
Funkstation 1:
„Bitte ändern Sie Ihren Kurs um 15° nach Norden,
um eine Kollision zu vermeiden"
Funkstation 2:
„Empfehle, sie ändern ihren Kurs um 15° nach Süden"
Funkstation 1: „Hier spricht der Kommandant eines US Kriegsschiffs.
Ich wiederhole: Ändern Sie ihren Kurs!"
Funkstation 2: „Nein. Sie ändern ihren Kurs!"
Funkstation 1: „Dies ist der Flugzeugträger Enterprise.
Wir sind ein sehr großes Kriegsschiff der US-Navy. Ändern Sie den Kurs
und zwar jetzt!"
Funkstation 2: „Wir sind ein Leuchtturm. Over to you".

Von der US Kriegsmarine 1995 freigegebenes Sprechfunkprotokoll
des Flugzeugträgers USS Enterprise

Glitzernd grieselt der Raureif in der blinzelnden Wintersonne. Knirschend knackt der Tritt im verharschten Schnee. Frostzaubergleißend recken sich die Winterperlen geschmückten Äste und Zweige in den graublaubunten Winterhimmel. Dampfend mampfen die Kühe und Schafe ihr Heu auf der weißen Winterwelde. Frost gefriert den matschenden Winterboden. In den Teichen lauern graue Eiskrokodile geduldig auf die erlösende Frühlingssonne. Gute Gelegenheit, die saftlose Zeit zu nutzen für den Winterschnitt.

Obstbäume werden durch fleißige Hände von Wasserzweigen befreit, Fruchthölzer gepflegt. Die Wallhecken bekommen eine Kurzhaarfrisur, um neuem Wachstum Raum zu geben. Die junge Laubwaldpflanzung wurde gelichtet. Mehr als 2000 Bäumchen hat Martin mit der Kreide markiert, um den Nachbarn eine gute Entwicklung zu ermöglichen. Vor allem die Eichen lieben das Motto „Brüder zur Sonne zur Freiheit, Brüder (natürlich auch Schwestern) zum Lichte empor, hell aus dem dunklen Vergangnen leuchtet die Zukunft hervor…". Die Jungwaldpflege ist erforderlich, weil sonst die gleichzeitig gepflanzten Bäume sich gegenseitig das Wasser wegnehmen, um Licht buhlen und unter der Konkurrenz zu instabil, dünn und spirrelig in die Höhe schießen. Bei einem richtigen Sturm sind sie dann auf Grund ihrer mangelnden Bodenhaftung extrem gefährdet. Diese Schonung ist übrigens dort neu angelegt, wo bis vor 150 Jahren noch Urwald gewesen ist, der geschlagen wurde, um mit dem Holzgeld drei Hartkemeyer Brüdern zur Sonne zur Freiheit (vom preußischen Militärdienst) zu verhelfen und die Überfahrt von Wilhelmshaven nach Baltimore zu ermöglichen.

Schon frühzeitig lammen in diesem Jahr unsere Schafe. Nicht immer geht es glatt. Eine Aue hatte einen dramatischen Gebärmuttervorfall. Das mutterlose Lämmchen konnte zwar noch eine Portion der wertvollen Kolostralmilch bekommen, aber nun braucht es immer wieder ein Fläschchen. Begeistert nimmt der Kinderbauernhof das Böckchen Konstantin in seine Obhut. Und er freut sich, dass er sich seiner Kinderherde zugehörig fühlen darf. Mittlerweile hat das Waisenhaus ein weiteres, von seiner Mutter verstoßenes, Lämmchen aufgenommen.

Besonders hart zeigte sich der Winter bei unserer Partner CSA in den italienischen Abruzzen. Die Bienenzuchtkästen wurden von einer riesigen Schnee und Schlammlawine erfasst und verschüttet. Leider werden durch die heutige Globalisierung große Mengen Holz rund um den Erdball geschickt. Inklusiv der Schädlinge. Opfer sind zum Beispiel unsere Rosskastanien der Südallee. Blutende Wunden zeigen die Infektion durch das Bakterium Pseudomonas syringe pv. aesculi an. Besonders bei den Kastanien, die schon von den erst vor 30 Jahren entdeckten Miniermotten geschwächt worden sind.

Sogar die Banane, wie wir sie aus dem Supermarkt kennen, ist vom Aussterben bedroht. Die weltweit verbreitetste Sorte Cavendish kann sich dem sich ständig weiterentwickelnden Pilzstamm TR 4 nicht mehr erwehren. Hier erleben wir wieder einmal konkret, wie sich eine industriell entwickelte Monokultur nach dem Muster: Einfalt statt genetischer Vielfalt, selbst vernichtet. Standardisierung und militärische Uniformität sind für die industriellen Ernteverfahren und die gezüchteten Verbraucherwünsche profitentscheidend. Alles muss gleichzeitig reif sein. Alles muss die gleiche Größe besitzen. Alles muss gleich aussehen. Sonst müssen wir mit Glyphosat nachhelfen? Seit der großen irischen Hungersnot in Irland vor 150 Jahren, wo ebenfalls fast alles auf eine Kartoffelsorte gesetzt wurde, hat die Agrarindustrie wenig Entscheidendes dazugelernt.

Auch wir sind nicht völlig gefeit vor den Tücken der Natur, die sich vor der überbordenden Globalisierung schützen will. Gülle und Mist aus der industriellen Massentierhaltung mit ihren enormen Futtermittelimporten überdüngen nicht nur Boden und Grundwasser mit Nitrat, sondern belasten die Umwelt mit pathogenen Keimen aller Art. Auch wenn organische Roh- und Abfallstoffe unvermischt auf große Lager und Misthaufen abgelegt werden entsteht eine faulige stinkende Organik. Wenn diese ausgebracht wird vermehren sich die Toxine im Boden. Das natürliche System wird in einer Selbstregulierungskraft geschwächt. In der Folge gibt es einen ansteigenden Insektenbefall und vermehrte „Un"krautprobleme. Wir wollen diese Probleme zum Anlass nehmen, unsere Kompostwirtschaft zu verbessern. Worum geht es?

Jeder von uns hat schon mal eine ungleichmäßig abgefressene Kuhweide gesehen. Im Umkreis der Kuhfladen sieht das Gras in der Regel sehr saftig und grün aus. Aber die Tiere fressen es nicht. Diese „Geilstellen" sind Anzeichen dafür, dass dem Boden die humifizierende Mikroflora für die Nährstoffeinbindung fehlt. So nimmt das Gras ein Übermaß von Nährstoffen auf, das zu hohen Nitratwerten führt. Die Tiere fühlen instinktiv, dass dieses Gras ihnen nicht gut tut und lassen es stehen. Wird diese Weide jedoch mit Kompost gedüngt, geben wir damit dessen vielfältige Mikroflora an den Boden weiter. Diese Humusbildner entgiften die konzentrierten Fladen und schützen die

Pflanzen vor Überdüngung. Der Boden gesundet und gibt in der Folge kein Nitrat ins Grundwasser ab.

Wie geht die Natur mit einem Fladen um?
1. Der Kuhfladen trocknet aus, dadurch kann Sauerstoff in das Material gelangen.
2. Der Sonnenschein zerstört schädliche Mikroorganismen.
3. Insekten infizieren den Fladen mit Mikroorganismen, welche die Abbauprozesse fördern.
4. Vögel werden angelockt, die das Material verteilen und die Sauerstoffzufuhr erhöhen.
5. Mistkäfer vorsorgen den Fladen mit einer speziellen Abbau Flora.
6. Der Regen wäscht die wasserlöslichen Substanzen in den Boden.
7. Die Kleinstlebewesen des Bodens bauen diese Stoffe weiter um.
8. Existiert nun eine humifizierende Mikroflora, kann diese die wasserlöslichen Substanzen durch Humusbildung einbinden und festhalten.

Ungestörte Naturprozesse sind in der Regel sehr effizient in ihren Wiederaufbereitungsprozessen. Da diese jedoch durch die intensive Landwirtschaft ständig gestört werden, müssen wir sie kultivieren. Zudem bietet eine gute Kompostierung die Möglichkeit, die Kulturpflanzen vor krankheitserregenden Keimen zu schützen. Neben der direkten Wirkung des Sauerstoffs gibt es aerobe (sauerstoffliebende) Mikroorganismen, die in der Lage sind, Antibiotika zu erzeugen, welche die krankmachenden Keime umbringen. So kann zum Beispiel der Strahlenpilz (Stäbchenbakterien) im Kompost ein hitzebeständiges Antibiotikum erzeugen, welches in der Lage ist, pathogene Keime selbst bei einer Verdünnung von eins zu einer 1 Million zu hemmen. Die Mikroflora benötigt aber auch Tonminerale, um an ihrer großen Oberfläche die Nährstoffe anzudocken. Ein Boden mit einem zu geringen Gehalt an organischer Substanz bzw. Humus, der gleichzeitig durch schwere Maschinen verdichtet ist und daher wenig Sauerstoff enthält, ist, auch wenn er Nährstoffe freisetzt, ein sterbender Boden. Zeigerpflanzen dafür sind: Ampfer, Disteln,

Quecken. Das Herbizid Glyphosat verschlimmert diesen Effekt, weil es die Aktivität der wertvollen Regenwürmer dramatisch vermindert und den Nachwuchs schädigt (Universität für Bodenkultur, Wien). Zwar kann ein hoher Nährstoffgehalt gemessen werden, diese Lösungen werden aber leicht ausgewaschen. Sauerstoffreicher Kompost, der krümelstabilisiert und bodenfreundlich ist, kann, weil die Nährstoffe in Ton-Humuskomplexe eingebunden sind, nachhaltig die Fruchtbarkeit des Bodens verbessern. Der Regenwurm kann es zwar an Niedlichkeit weder mit einem Panda oder Eisbärbaby aufnehmen, ist aber angesichts des Klimawandels für unsere Lebensgrundlage überlebenswichtig. Ein konventioneller, von Agrarchemie verseuchter und mit schweren Maschinen traktierter Boden hat maximal 30 Exemplare pro Quadratmeter. Ein guter biodynamischer Boden dagegen über 400. Während ersterer zur Verschlämmung neigt, kann letzterer bis zu 150 Liter Wasser pro Stunde aufnehmen. Rudolf Steiner betonte im 3. Vortrag des Landwirtschaftlichen Kurses: „Da muss in die Erde hineingetragen werden dasjenige, was in der Umgebung lebt, was belebt wird als Sauerstoffliches. Das muss in die Erde hineingetragen werden mit Hilfe des Stickstoffs in die Tiefe der Erde, damit es sich dort an das Kieselige, im Kalkigen sich gestaltend, anlehnen kann." Ein hoher Humusgehalt erhöht die Wasserhaltefähigkeit des Bodens und beugt einer Verschlämmung und Erosion vor. So kann zum Beispiel im Salatanbau ein guter Humusgehalt des Bodens den Wasserbedarf um etwa 60% vermindern. Wir wollen in diesem Jahr die Kompostwirtschaft auf unserem Hof verbessern. Um die Menge der Erntereste und Miste in der Anfangsphase fast täglich umsetzen zu können, benötigen wir entweder 10 000 Heinzelmännchen (-weibchen) oder eine Kompostwendemaschine, die etwa 20000 – 30 000 Euro kostet.

Noch aber betrachtet die konventionelle Massentierhaltungslandwirtschaft den Boden in erster Linie als Entsorgungsfläche für anaerobe Gülle mit ihrem pathogenen Keimschleuderpotental. Siehe Geflügelgrippe. („Kacke am Dampfen. Düngemittel beeinträchtigen Wasserqualität in Deutschland massiv. Dank der Lobbyarbeit des Bauernverbandes hat die Politik das lange ignoriert. Jetzt aber kommt Druck von der EU" in: Der Spiegel 14.1.2017). Und diese exportiert Hähnchenflügel zu subventionierten Bedingungen, welche afrikanische Bauern in den Ruin treiben. Wenn wir den dortigen Bauern auch noch durch „Freihandelsverträge" die Chance nehmen, dasjenige zu produzieren, was sie vor Ort können, werden sie auf Gedeih und Verderb die Reise übers Mittelmeer antreten („Schicksalhaft verbunden" , gleiche Ausgabe). Mittlerweile besitzen bereits 8 Milliardäre mehr als 50% des Kapitalreichtums dieser Welt (Oxfam). Darunter die Internetkraken wie Bill Gates.

Statt aufzuwachen befasst sich ein großer Teil unserer veröffentlichten Meinung mit dem Scheinproblem, was im Internet politisch korrekt ist. Natürlich sollte jeder im Internet die Freiheit haben zu behaupten, die Erde sei eine Scheibe. Für schlimmeres gibt es das Strafrecht! Selbstverständlich hat das unzensierte Internet zu einer „Quatschexplosion" geführt, wie der Nestor der Computerrevolution, Josef Weizenbaum vom Massachusetts Institute of Technology (MIT), es einmal formulierte. In längeren Gesprächen wies er auf ganz andere Gefahren hin: Nämlich, dass wir unsere Kinder viel zu früh dieser süchtig machenden Technologie ausliefern. Er warnte vor dem Verlust der Realitätswahrnehmung und des Verantwortungsbewusstseins. Denn virtuelle Pflanzen, Tiere, Menschen, brauchen keine Pflege. Besser wäre ein wirklicher Garten oder ein real existierender Hamster. Weizenbaum vertrat auch eine mich beeindruckende radikale Form der Freiheit des Wortes. Allen Versuchen, die Meinungsfreiheit einzuschränken, selbst für nationalistische Kundgebungen, würde er sich entgegenstellen. Ein erstaunliches Wort von jemandem, der vor den Nazis nach Amerika geflüchtet war und dessen Familie in den KZ umgebracht worden ist.

Was wird in der „Fake News" Diskussion nicht alles zusammen gerührt, um die Bevölkerung nach der bereits existierenden totalen Überwachung durch Geheimdienste zu einer Internetzensur zu überreden. Wird da nicht der Teufel durch Beelzebub ausgetrieben? Mit womöglich zweifelhaftem Erfolg. Haben wir denn vergessen, dass es beispielsweise nicht Hassprediger im Internet, sondern Journalisten der „Qualitätsmedien" waren, die durch eine Fake News-Kampagne einen unbescholtenen amtierenden Bundespräsidenten (Wulff) innerhalb von Tagen stürzen konnten? Vom Umschalten auf den

Propagandamodus des Kalten Krieges unserer Medien am Beispiel Syrien und Ukraine gar nicht zu reden. Auf der anderen Seite: Ist es nicht gerade den Hackerangriffen im jüngsten US Präsidenten Wahlkampf zu verdanken, dass transparent wurde, wie durch ein parteiinternes Intrigenspiel des Clinton Netzwerkes innerhalb der Demokratischen Partei der chancenreiche Kandidat Bernie Sanders letztlich ausgetrickst wurde - kein Fake News?!

Deshalb: die Demokratie ist durch bessere Argumente zu erhalten. Die Hoffnung auf das segensreiche Wirken eines Wahrheitsministerium (Orwell 1984) fatal und der Weg zur Reichsschrifttumskammer verboten.

Die Behörden haben die Aufstallungspflicht für die Freilandgeflügelhaltung um 3 weitere Monate verlängert.

Die Theorie, dass der Vogelgrippevirus von Wildvögeln verbreitet und in die Massentierhaltung eingeschleppt würde, macht überhaupt keinen Sinn. Der Ornithologe Prof. Dr. Josef Reichholf sagte deutlich: „Das Virus kommt aus Ostasien. Und der Vogelzug im Herbst verläuft von Nord nach Süd, also passt die Richtung überhaupt nicht. Die Verbreitungswege sind erheblich komplizierter, als mit dieser einfachen Zugvogel-Theorie der Bevölkerung vorgegaukelt wird." Außerdem sind sich alle ernst zu nehmenden Wissenschaftler einig, dass die hoch pathogenen Vogelgrippeviren ursprünglich in Massengeflügelbetrieben entstanden sind.

Der emeritierte Pathologie Professor der Tierärztlichen Hochschule Hannover, Siegfried Ueberschär, bezeichnete die in den Medien vertretene These, dass das Vogelgrippevirus durch Wildvögel übertragen worden sein soll, als reine Spekulation. Klar sei jedoch, dass die Tiere in der Massentierhaltung durch ihren extremen Stress wesentlich anfälliger für Viruserkrankungen seien. Durch die enge Haltung wie in einer Ölsardinendose, auf einer schmierigen oder sogar flüssigen Kotschicht, könnten die Tiere ihre natürliche Veranlagung sich zu bewegen und in Gruppen einzuordnen, nicht ausleben. In solchen Situationen komme es zu Cortisol-Ausschüttungen, das heißt zu einer Überaktivität der Nebenniere, was die Immunabwehr stark einschränke. Das sei sowohl bei Menschen aber auch bei allen Tierarten so.

Fest steht auch, dass die Abluftanlagen der Intensivgeflügelhaltungen Tag und Nacht, rund um die Uhr, pathogene Keime freisetzen. Darüber hinaus gelangt über die Gülle und über verendete Tiere laufend infiziertes Material ins Freie. So meint auch der Ornithologe Klemens Steiof vom Wissenschaftsforum Aviäre Influenza (WAI), dass die überregionale Verbreitung des Vogelgrippevirus in erster Linie über den Warenaustausch der Geflügelindustrie erfolgt. „ Die werden weltweit verflogen. Wie schnell das Virus von Südkorea vor 2 Jahren zu uns kam, zeigt sich eben daran, dass das Flugzeug der einzige mögliche Vektor ist." „Es sind die Handelswege, die das Virus verbreiten" So Steiof „aber der Vogelzug überhaupt nicht!"

Es fragt sich auch der gesunde Menschenverstand, wie sollte ein kranker Wildvogel überhaupt in einen dieser hermetisch geschlossenen Massentierställe hineinkommen? Und warum kümmern sich Forschung und Verwaltung fast ausschließlich um das angebliche Gefahrenpotenzial der Wildvögel und Freilandtiere und nicht um das Problem Massentierhaltung? Auch hier gilt: Manche leben von Weisungen andere von Überweisungen.

Klemens Steiof vermutet ein Ablenkungsmanöver: „Die Wildvogelthese liegt durchaus im Interesse der Geflügelindustrie, weil sie auf etwas hinweist, was nicht beeinflussbar ist: Nämlich Wildvögel, die überall und immer auftauchen können. Und wenn klargestellt wird, dass das Virus bei uns in der Geflügelwirtschaft zirkuliert, dann muss man natürlich eher mit Exportverbot rechnen. Und das ist etwas, was die Geflügelwirtschaft nicht will." Von Deutschland aus exportiert die Geflügelwirtschaft Küken nach Asien und es gibt auch Tierfutterimporte aus Asien zu uns. Wenn das stimmen würde, wäre ja die Stallpflicht gegen Zugvögel-Kontakt sinnlos.

Daraus schließt Prof. Reichholf: „Die Stallpflicht ist ganz klar eine Maßnahme, die zeigen soll, dass die Politik etwas tut. Im Endeffekt wird die Massengeflügelhaltung dadurch begünstigt. Da stehen die Tiere schließlich eh ganzjährig im Stall. Die Stallplicht trifft also eher die Konkurrenz: mittelständische Biobetriebe."

Das hieße in der Konsequenz: Mutmaßliche Mitverursacher der Vogelgrippe profitieren auch noch von ihr. Um das Maß der Irrationalität vollzumachen, erließ das Bundeslandwirtschaftsministerium am 18.11.2016 eine Eilverordnung, in der für kleinere bäuerliche Haltungen (bis 1000) Tiere und Hobbyhaltungen strengere Auflagen gelten als für Massentierhaltungen. (Mitteilungen des: Niedersächsisches Landesamt für Verbraucherschutz und Lebensmittelsicherheit, 25.01.2017)

Prof. Reichholf sieht noch eine weitere Gefahr: „Man bekommt den Eindruck, dass die Politik eher riskiert, dass die Vogelgrippe auf den Menschen überspringt, oder sich eine gefährliche Variante entwickelt, um die Massengeflügelhaltung zu schonen. Und das ist etwas, was sehr bedenklich stimmt."

Immerhin demonstrierten mehr als 20 000 Menschen, darunter mehrere Mitglieder, im eiskalten Berlin gegen die weitere Naturzerstörung durch die industrialisierte Chemielandwirtschaft.

Martin bot als Alternative für daheimgebliebene Hoffnungsträger Erfahrungstipps und praktische Übungen hinsichtlich des Obstbaumschnitts (nicht nur für Apfelbaumpflanzer) an.

Unsere ehemalige Auszubildende Jana legte im Januar vor der Demeter Prüfungskommission auf unserem Hof die Gärtnerinnenprüfung ab. Herzlichen Glückwunsch!

Mehr als 20 CSA Mitglieder haben in Osnabrück ein gemeinsames Depot eingerichtet.

Tobias stellte auf der internationalen Gartenbaulehrertagung in Xanten das Konzept der Handlungspädagogik auf Hof Pente vor.

Im Februar wollen die landwirtschaftlichen Berufsschullehrer Niedersachsens sich auf dem CSA Hof über Konzept und Arbeitsweise informieren.

Herzliche Wintergrüße, Euer Team vom CSA Hof Pente

Frühjahrsfurche ziehen mit dem 40 Jahre alten Kramer

MÄRZ 2017

„Wird es sich nicht als schrecklicher Irrtum erweisen,
wenn man meint, die Dinge,
die nunmehr anstelle des Sklaven versklavt sind,
ertrügen den Terror, ohne je eine Rechnung zu stellen?
Wenn man meint, das Jahrhundert aus List geflochten,
denn Forschung ist Überlistung der Dinge,
werde so durchkommen?
Wenn man meint, die Überlisteten seien so wehrlos?
Keine Gegenwehr zu befürchten? Kein Spartakus?
Kein Aufstand der neuen Sklaven? Keinerlei Notwehr?
Wenn man die Dinge dieser Welt für so stumpf, für so tot hält?
Aber so waren Sklavenhalter doch immer gesonnen, und Eroberer.
Damals Menschenverachtung, jetzt Verachtung der Dinge?
War es nicht Verachtung, die glauben ließ,
es sei nur List und ein bisschen Druck nötig,
um zu unterwerfen, stumm und gefügig zu machen?
Meint man,
das Unternehmen der Welt-Ausrechnung und Welt-Herstellung
werde niemals zurückschlagen?“

Erich Kästner

Der schlafende Winterriese konnte diesmal kaum genug von seiner Eisruhe bekommen, so gemütlich hatte er sich in Feld und Wald, Garten und Flur eingerichtet. Immer wieder ließ er uns seinen kalten sibirischen Atem spüren. Erst sonnendampfender Schnee brachte ihn langsam zum Husten. Jetzt wandert er gemächlich zum Nordpol, um die dortige Kälte zu genießen. Lockende Goldschatten durchfluten Büsche und Bäume. Die ersten Zugvögel kehren zurück. Die Saatvorräte werden ausgepackt, begutachtet und sortiert. Der prüfende Blick auf Wetter und Boden sucht den richtigen Aussaatzeitpunkt. Fleißig werden alle Gewächshausdächer blitzeblank gewienert, damit die Frühlingssonne unverschleiert ihre Wirkung entfalten kann.

Die Fruchtfolge im Gartenbau und die Schlaggröße haben wir unter Anleitung von Gartenchef Jürgen noch einmal gründlich überarbeitet. Für die zwölfjährige Fruchtfolge benötigen wir aufgrund der größeren Mitgliederzahl 12 × 7500 m² Ackerboden. Diese reichhaltige Fruchtfolge ermöglicht einen vielfältigen Anbau und eine bessere Boden- und Pflanzengesundheit.

Unsere Tiere haben sich in diesem Winter sehr gut auf die frostigen Temperaturen eingestellt. Die Rinder schützen sich mit einem roten kuscheligen Zottelfell. Die Hühner tragen eine dicke weiche Daunenhose. Die Schweine haben sich einen struppeligen Bürsten-Borstenmantel zugelegt. Die Schafe verwandelten sich in eine lockige Wollkugel. Und die Pferde tragen einen Grizzlibärenmantel mit modischem Backenbart.

Der einbeinige Hahn Theo im Kreise seiner Getreuen

Nach dem chinesischen Kalender haben wir das **Jahr des Hahnes**. Kürzlich konnten wir in unserem kasernierten Auffanglager (bedingt durch das Freilandverbot) ein Gespräch unseres Hahnes Volker mit seinen Leidensgenossinnen belauschen. Volker rüttelte am Vogelschutz Netz: „Ich will hier raus!" Henne Angela mit traurig hängenden Unterschnabel und merkwürdig vor ihrem Bauch verschränkten Krallen: „Wir schaffen das." Volker: „Ich hör die Signale. Mir macht keiner was vor." Angela: „Es gibt keine Alternative. Das weiß doch jeder. Wie Hinz und Kunz und Schulz und Schröder." Volker: „Wir sollen es nur nicht merken, dass die Menschen unseren lebenslänglichen Freiheitsentzug planen. Ich würde mich nicht wundern, wenn Sie demnächst einen Fernseher aufstellen würden, damit wir vor dem Dschungelcamp völlig verblöden und uns damit trösten, dass die Menschen ebenfalls ihre Freiheit aufgeben und sich mit ihrem täglichen Fakebook selber lächerlich machen." Angela: „Dann haben wir wohl Piech gehabt, oder zuviel Winterkorn gefressen. Aber vergiß nicht, hier haben wir ein bedingungsloses Grundeinkommen an Wasser und Futter." Volker: „Solange ihr jeden Tag ein Ei legt."

Die gesunde art- und wesensgemäße Freilandhaltung von Tieren in der Landwirtschaft gerät immer mehr unter Beschuss der Lakaien der Massentierhaltung. Ursachen und Folgen von Krankheiten werden verkehrt. Das Verursacherprinzip auf den Kopf gestellt. Die Kosten des Systems in Form von Nitrat im Grundwasser (Wasserverband Bersenbrück zu Nitrat im Grundwasser, in: Bramscher Nachrichten 28.1.2017), übermäßigem Antibiotikaeinsatz, werden der Allgemeinheit aufgebürdet. Schon seit Jahren versuchen interessierte Kreise, die Öffentlichkeit irrezuführen durch die Falschmeldungen angeblich gefährlicher Schwermetallbelastung von Hühnern durch das Kratzen im Freiland. Diese Kreise stört, dass es immer noch Beispiele gibt, die zeigen, dass Tiere tatsächlich noch stressfrei und gesund im Freiland leben und trotzdem landwirtschaftlich genutzt werden können.

Anstatt die Ursachen der Vogelgrippe an den Virusbrutstätten der stresserzeugenden Haltungsformen anzugehen, werden alle Freilandhalter in Haftung genommen. Und die Wildvögel als gefährliche Feinde gesehen.

Die Schweinehaltung im Freiland wurde schon vor Jahren durch immer neue Auflagen erschwert, angeblich, um einer Infektion durch Wildschweine vorzubeugen. Aufwändige Hygienevorschriften wurden erlassen, die selbst von der Berliner Charité in den seltensten Fällen buchstabengetreu umzusetzen wären. Das Höfesterben in der bäuerlichen Landwirtschaft nach dem Motto: „eene meene muh und raus bist du!" geht in eine neue Runde. Gleichzeitig beklagen diejenigen, die für diese Entwicklung mitverantwortlich sind, die Folgen, wie den gefährlichen Klimawandel oder die Zerstörung der biologischen Vielfalt. Der Erste Vizepräsident der Europäischen Kommission, Frans Timmermanns, sagte kürzlich: "Wir müssen unsere Beziehung zur Natur neu definieren. Die Modelle, die sich in der Vergangenheit bewährt haben, scheinen für das 21. Jahrhundert nicht mehr geeignet und erstmals in der Geschichte sind die ökologischen Grenzen unseres Planeten tatsächlich sichtbar." (Frankfurter Rundschau 2.2.2017) Aber was soll das heißen?

In Brüssel kommen auf einen EU-Abgeordneten 20 Lobbyisten der Chemie- und Agrarindustrie, die um sie herumtänzeln. Durch Verdrehung der Sprache versuchen sie aus ihrer gescheiterten Strategie perverserweise auch noch Nutzen zu ziehen. Ihre Lobbyorganisation nennen sie Euro Bio und ihr Ziel CSA! Climate Smart Agriculture: Grüne Revolution 2.0. Sie will angeblich die Einkommen und die Produktivität in der Landwirtschaft steigern. Die Resilienz (Stabilität) gegenüber dem Klimawandel fördern. Und die Treibhausgasemissionen reduzieren. Wenn man genauer unter die Schafspelze dieser Initiative der Welternährungsorganisation FAO und der Weltbank sieht, blitzen einem die Dollarschimmernden Wolfsaugen von McDonald's, Syngenta, Monsanto, Walmart oder Yara, dem größten Düngemittelunternehmen der Welt, entgegen. So stehen denn auch rein technologische Lösungen im Mittelpunkt dieser „CSA", die bei komplexen Systemen immer zu kurz greifen. Es besteht die Gefahr, dass diese sich ein grün gewaschenes Deckmäntelchen unter dem Namen CSA zulegen wollen, um an dem von ihnen mit geschaffenen Katastrophenszenario auch noch mit verdienen zu können. Mit dieser Allianz zementieren die Düngemittel- und Chemiekonzerne auf zwei Ebenen die Business-as-usual Haltung. Weiter mit künstlicher chemischer Düngung, her mit der Gentechnik. Mit einer auf Vielfalt basierenden Ackerkultur oder gar Mischkulturen lassen sich die Ansätze der Düngemittelindustrie nur schwer umsetzen. „In einer Hochrisikosituation auf eine kostenintensive Hochrisikotechnologie zu setzen, ist sicherlich keine gute Idee" (Agrar Info 208 Landwirtschaft im Klimawandel).

Ein ähnlich totalitärer Ansatz, der derzeitig die Omnipotenzphantasien von Politikern und Forschern beflügelt, nennt sich Bioökonomie. Unter dem Prinzip der Profitmaximierung soll die Biosphäre immer mehr in eine Techno-Biosphäre verwandelt werden. Damit soll das natürlich geschichtlich Gewachsene Schritt für Schritt überwunden und die gesamte Biosphäre in eine Technosphäre überführt werden. Angeblich als Ausweg aus der Klimakatastrophe. Es wird ausgeblendet, dass wir selbst als Mitbeteiligte nie zu vollständigen Aussagen über das System als Ganzes kommen können. Es wird verdrängt, dass alles Lebendige mit Bewusstsein begabt ist und deshalb mit Umsicht und Achtsamkeit behandelt werden will. Die heutige Leitkultur des distanzlos faszinierten Techniknutzers kann mit universellem Bewusstsein und beseelter Lebendigkeit überhaupt nichts anfangen. So ist es leicht, die gesamte Natur und letztlich auch den Menschen einem Prozess der totalen Verzweckung zu unterwerfen. Die naive Leichtfertigkeit und die fehlende Scham, mit der sich die Menschen sich selbst zur Datenausbeutung prostituieren, spricht Bytes (Bände). Nicht einmal ökonomisch wird eine Vollkostenrechnung angestellt, die die ökologischen und sozialen Kosten berücksichtigt. Dabei ist es erwiesen, dass immer dann, wenn eine nur etwas effizientere Technik angewandt wird, sich der Einsparungseffekt durch ihren vermehrten Einsatz sofort aufhebt (der so genannte Reboundeffekt).

Die totale digitale Vernetzung ist die Methode, mit der diese Strategie durchgeführt werden soll. Schönfärberisch wird sie „Smart Farming" oder „Precision Farming" genannt. „Der Idealfall wäre, wenn der Landwirt über seine Farm-Management-App seinen kompletten Betrieb vom Smartphone oder Tablet aus steuert". So Wolfram Eberhardt, der Sprecher eines der größten europäischen Landmaschinenkonzerne, Claas in Harsewinkel. Derweil kann der moderne Landwirt am Smartphone schon mal die Preise an der Chicagoer Weizenbörse checken, eine Schlaftablette nehmen oder seinen Landrover in die Mucki-Bude steuern und dort seine durch das lange Sitzen erschlafften Muskeln zu trainieren. Voraussetzung ist, dass die gesamten Daten über die Bodenqualität, die Düngung, die Schlaggröße, das Saatgut, Ertragsmessung, die Wettereinschätzung, die Marktsituation, die Fruchtfolge, et cetera digitalisiert und in Expertensysteme übertragen werden. Der Fantasie sind beim Einsatz digitaler Technik kaum Grenzen gesetzt. Der Mähdrescher erntet selbst das Getreide, bestellt den Überladewagen an den richtigen Punkt. Misst den Zustand des Erntegutes, organisiert Trocknung und Lagerkapazität. Selbst Verfahren zur Blütenausdünnung von Obstbäumen sind entwickelt, mit deren Hilfe der Ertrag gesteigert werden soll. Eine Kamera am Schlepper erfasst die Blütendichte der einzelnen Bäume und aufgrund dieser Informationen wird eine rotierende Spindel gesteuert, welche die überzähligen Blüten abschlägt („Der vernetzte Bauernhof", Frankfurter Rundschau 19.1.2017). Die gesammelten Daten landen in einer Cloud wolkiger Versprechungen, wo sie dann von Big Data Räubern vollends enteignet werden. Eine Monopolkoalition von Google, John Deere und Monsanto bereitet sich auf den großen Raubzug vor. Erstens Landggrabbing, zweitens Datengrabbing, drittens Knetegrabbing. Eine gut gelaunte, gut bezahlte Grinsekatzen-Koalition von so genannten Forschern, Beratern, Bankstern und Betriebswirten reibt sich freudig erregt die Hände und produziert die verbale Schmierseife, auf der die Bauern in der Überzahl ausrutschen, der Profit aber umso leichter den Finanzinvestoren in die Arme gleitet. („Wer kontrolliert die Zukunft auf dem Acker?" In NOZ vom 30.12.2016) durch diese Entwicklung wird genau diejenige Form von Landwirtschaft gefördert, die den Klimawandel befördert, die Artenvielfalt bedroht und weltweit Millionen Existenzen von Kleinbauern vernichtet. „Besonders gefährlich für die Arten sind die großflächigen Monokulturen und der Einsatz von Pestiziden - Strukturen die durch EU-Agrarsubventionen noch gefördert werden", so Dennis Klein vom Bund für Umwelt und Naturschutz Deutschland (BUND).

Das Verursacherprinzip scheint für die großen Konzerne grundsätzlich nicht zu gelten. Der peruanische Bauer Saul Luciano Liluja aus Huarez in den Anden sieht sich besonders von den Folgen der Klimaerwärmung in seiner Heimat bedroht. Ein schmelzender Gletscher oberhalb seines Wohnortes droht eine Flutwelle auszulösen, die Haus und Hof mitreißen könnte. Eine Klage gegen den Energiekonzern RWE vor dem Landgericht in Essen scheiterte, obwohl sich der Konzern selbst als größten CO2 Emittenten Europas bezeichnet. Den negativen Einfluss der Energiekonzerne bekam kürzlich der Oldenburger Wissenschaftler Niko Paech, der sich mit regionalen solidarischen Projekten, unter anderem auch CSA befasst, am Beispiel der EWE (Energieversorgung Weser Ems) zu spüren. Die EWE als Sponsor der Universität Oldenburg verhinderte eine Verlängerung seiner Professur, offensichtlich weil er sich für Energie-Genossenschaften eingesetzt hatte. Wir leben offenbar in einer Externalisierungsgesellschaft, welche die Kosten unserer Lebens und Arbeitsweise, wie Umweltschäden und schlechte Arbeitsbedingungen, auf Personen und Weltregionen außerhalb unserer Gesellschaft auslagert. Gerade wächst wieder der Schatten auf der Lunge von Mutter Erde, der Sauerstoffproduzentin Amazonasurwald. Er wird für den zunehmenden Sojaanbau als Folge unserer wachsenden Gier nach billigem Fleisch gerodet.

Zu guter Letzt:

In diesem Jahr sind wir Partner des UNESCO Natur-und Geopark TERRAvita geworden.

Ebenfalls sind wir Projektpartner Organic Food System Programms der FAO und der United Nations.

Die Gemeinschaftsstifung Hof Pente hat ihre Arbeit zur Sicherung des Ackers und der Bildung aufgenommen. Kai hat bereits einige Vorschläge für ein Logo entwickelt, die den Mitgliedern vorgestellt werden sollen, auch neue Vorschläge sind willkommen.

Nach langer, fast 6-jähriger Vorbereitung ist es uns endlich gelungen, einen Betriebsausflug zu unserer Nachbar-CSA in Entrup bei Münster zu organisieren. Besonders spannend war für uns die traumhafte Schafhaltung, die durch einen von Mitgliedern finanzierten komfortablen Schafstall für 110

Muttertiere zu erlesenem Schafskäse führt, und eine Heutrocknung, die uns fast neidisch machte. Der Entruper CSA-Landwirt Werner Betz führte uns die Arbeit mit den Kaltblütern am Kompoststreuer vor, was unsere Hoffnung beflügelt hat, die Pferdearbeit auch bei uns weiter zu entwickeln.

Im Februar hat unser Auszubildender in der Landwirtschaft, Paul Kästner, seine landwirtschaftliche Theorieprüfung mit einem „sehr gut" abgeschlossen. Herzlichen Glückwunsch!

Felix und Klara sind gerade zu uns gekommen, um das Gartenteam zu verstärken. Sie haben bislang an der Brockwood School in den England den Gartenbau organisiert. Herzlich willkommen.

Ebenfalls im März können wir Jonas begrüßen. Er kommt gerade von einer Fahrradtour von Feuerland bis in den kolumbianischen Regenwald und will bei uns eine Ausbildung in Land- und Gartenbau machen.

Herzliche Grüße, das CSA Team von Hof Pente

Frühkartoffeln setzen mit dem restaurierten Vielfachgerät

APRIL 2017

Wir beherrschen bereits die Energie des Windes,
der Meere und der Sonne.
Doch an dem Tag, an dem der Mensch
mit der Energie der Liebe umzugehen weiß,
wird dieses so wichtig sein,
wie die Entdeckung des Feuers.
Teilhard de Chardin

Der Hass ist die Liebe,
die gescheitert ist.
Sören Kierkegaard

Make love great again

Stürmische Windungeheuer durchtosten zornig die frühlingsbereite Landschaft. Glitschige Wassergeister bremsten mit ihrer prickelnden und platschenden Flut alles Aktivitätsgedränge auf dem nassen Acker. Doch dann umgarnten die zarten Frühlingsgöttinnen das Ungestüm des alten Winters. Lockend verzauberten sie Mitte März die sprießenden Naturkräfte und Säfte. Fruchtbare Wärmeströme bringen die goldenen Narzissen zum Leuchten. Früh klingen urlaubsfrische Vogeltöne leichtfüßig zwitschernd durchs All. Die flatternden Pfeile der Wildgänse ziehen mutig rufend gen Norden. Ein riesiger Uhu hat unseren Acker zu seinem neuen Jagdgebiet erkoren und breitet jagend seine Schwingen aus, ein junges Lämmchen wurde vermutlich seine Beute.

Josh und Paul sorgten fleißig dafür, dass die lieblichen Sieglinde, Annabelle, Linda und Gunda aus dem Winterschlaf erwachten. Nach einem kräftigen Wärmeimpuls bewirkten regelmäßige Lichtimpulse eine muntere

Keimstimmung. Die ersten Frühkartoffeln, Sieglinde, wurden in der ersten Märzwoche gepflanzt. Benny zog unter Jürgens Anleitung erstmals die Saategge, um das Pflanzbeet vorzubereiten. Anschließend wurden mit dem Vielfachgerät die Pflanzlöcher markiert. Nun legte die Hofgemeinschaft die vorgekeimte Sieglinde in den Boden. Unsere mangelnde Pferdeführererfahrung sorgte für lebendige mathematische Kurvendiskussionen, weg von der langweiligen Geraden.

Am 14. und 15. März wurden bei strahlendem Sonnenschein auf rund 15.000 m² über 2000 kg Annabelle, Linda und Gunda mit der Boden getriebenen **Cramer-Pflanzmaschine** und dem Fendt-Geräteträger, sowie einer hoch motivierten Mannschaft in diesmal schnurgeraden Dämmen bis in die Nacht hinein gepflanzt.

Mit dem großen Strautmann Tellerstreuer, gezogen vom Kramer Allrad, wurden Dutzende Transporte **Kompost und Rindermist** auf dem Kohl- und Roggenacker verteilt. Schließlich müssen von diesem organischen Substrat pro Hektar über 10.000 kg unterirdische Lebewesen ernährt werden, die eine fruchtbare Ernte ermöglichen sollen. Das entspricht in etwa einer Ernährungsleistung von 20 Rindern pro Hektar. Die Bodentiere sorgen dafür, dass die Nährstoffe wieder umgewandelt und pflanzenverfügbar gemacht werden. Ohne ihre Recyclingarbeit würden die Pflanzen verhungern.

Trotz verlängertem Knast für freie **Legehennen** schlagen sich unsere Kampfhennen wacker, um den Mitgliedern ein eierreiches Osterfest zu ermöglichen. Bei ihrem begrenzten Freigang versuchen wir, sie durch allerlei Spielmaterial, wie Pflanzenreste und gesiebtes Hackschnitzelmehl als Einstreu in ihrer Luftschutzzeltstadt, bei Laune zu halten.

Die **Honigbienen** haben es ebenfalls nicht leicht. Bei seinem letzten Frühlingskontrollgang musste Martin feststellen, dass von den zwölf eingewinterten Völkern sieben das zeitliche gesegnet haben. Möglicherweise hat die Varroa-Milbe die geschwächten Völker dahingerafft. Die Belastung ist in etwa so groß, als wenn wir unter jeder Achsel ein Kaninchen tragen müssten, unsere Lebenskräfte von ihnen ausgesaugt würden und wir dazu noch Schwerstarbeit zu verrichten hätten. Der so genannte Strukturwandel in der Landwirtschaft, d.h. zunehmende Monokultur unter Einsatz von Pestiziden, raubt auch den hochspezialisierten Wildbienen und Schmetterlingen den Lebensraum und die Nahrungsgrundlage. Diese Entwicklung schwächt auch die Honigbienen. Im letzten Jahr erschien das erste Gutachten des Weltbiodiversitätsrates IPBES, welches in einer gewaltigen Bestandsaufnahme die Lage der Bestäuber für den gesamten Erdball erstmals analysiert. Danach sind mehr als 40 % der Insektenarten, die den Pollentransport von Blüte zu Blüte sichern, wie Bienen oder Schmetterlinge, bedroht. Der Naturforscher Rolf Hammerschmidt, der im letzten Jahr die umfangreiche Vogelstudie für unseren Betrieb vorgestellt hat, will in diesem Jahr eine Bestandsaufnahme über die Insektenvielfalt und die Amphibienarten auf unserem Hof vornehmen.

Ein aktuelles Beispiel dafür, in welchen Teufelskreis die Kapitalraffgier Huhn, Mensch und Politik hineingezogen hat, ist aktuell in der Ukraine zu beobachten: Deutsche und ukrainischer Spekulanten bauen in der Ukraine riesige Hühnergefängnisse. Dort gelten keine deutschen Tierschutzstandards. Den Kredit bekommen sie von einer deutschen Bank. Und abgesichert wird er über eine Hermes Bürgschaft von der Bundesregierung. Die Spekulanten lassen ihre Firma in der Ukraine Pleite gehen. Das „Unternehmerrisiko" der Spekulanten, die Rückzahlung des Kredites an die Banken, übernimmt nun der deutsche Steuerzahler. Über eine neue Unternehmensform wird diese Quälanlage von den Kapitalagenten weitergeführt. Weil der Tierschutz ausgehebelt ist und der deutsche Steuerzahler den Stall bezahlt, gelangen die toten Hühner zu konkurrenzlos günstigen Preisen auf den deutschen Markt. Die deutschen Bauern bleiben bei solchen Geschäften auf der Strecke. Sie dürfen noch nicht einmal mehr nach Russland exportieren, wegen des von den USA geforderten Boykotts. Die Ukraine wird zur Provokation Russlands und zur Düpierung der europäischen Bauern quasi als EU-Inland behandelt. Sie darf daher alle EU Vorzüge wahrnehmen, aber braucht keine Pflichten und Standards zu beachten. Die von den deutschen Konsumenten verschmähten Hühnerflügel werden zu Dumping-Preisen nach Afrika exportiert und treiben die dortigen Bauern in die Pleite. Die Flüchtlinge machen sich auf den Weg ins gelobte Land der Hühnerschenkel. Politiker wundern sich, warum die AfD stark wird (Teure Bürgschaften für Ställe. Bund zahlt 31 Millionen € an Entschädigung. NOZ vom 25. 2. 2017).

Nach Abschaffung der Milchquote ist der Milchpreis in den Keller gerutscht. Wenn unsere Milchbauern zusammenkommen, um vernünftigerweise mit den Molkereien die tatsächlich benötigte Milchmenge abzustimmen, leitet umgehend das Bundeskartellamt ein Ermittlungsverfahren ein. Die Molkereien exportieren billiges Milchpulver nach Westafrika und ruinieren dadurch die dortigen Bauern. Wenn sich allerdings der marktbeherrschenden Agrar-Giftkonzern Bayer mit dem Giftmischer Monsanto zu einem Monopol zusammenschließt, um die Bauern auszuplündern, schläft das Bundeskartellamt tief und fest. Wenn kleinere kommunale deutsche und österreichische Stromversorger gegen die mehr als 100 Milliarden € Subvention für das britische Atomkraftwerk Hinkley Point klagen wollen, weist das Gericht der Europäischen Union in Luxemburg diese als „nicht zulässig" (Greenpeace Energy) ab. Die deutschen Finanzminister tun sich ebenfalls sehr schwer, die legalen Steuerbetrügereien der Aktienmillionäre bei den Cum-Ex-Geschäften, die den Steuerzahler mehr als 10 Milliarden € gekostet haben, wirklich abzuschaffen, oder angeblich auch nur zu verstehen, weil sie „zu komplex" (Schäuble) seien (Der Spiegel 9/2017). Zur Erinnerung: jemand besitzt ein Aktienpaket und verkauft es kurz vor der Dividendenausschüttung. Gleichzeitig verlangt er schlitzohrig vom Staat die Steuer auf eine Dividende zurück, die er gar nicht gezahlt hat. Der Käufer vermakelt diese Aktien an einen Dritten, und verlangt nach dieser absurden Logik ebenfalls die nicht gezahlte Steuer zurück. So kann dieser Dritte als Käufer nochmal die Hand aufhalten. Somit haben drei Zocker insgesamt dreimal Steuern erstattet bekommen, die keiner je bezahlt hat. Super Idee! Und wir dummen Finanzproleten spekulieren bestenfalls auf den Jackpot. Aber nun wird ja alles anders. Martin Schulz hat die „hart arbeitende Mitte" entdeckt und will künftig mit harter Hand den Steuervermeidern IKEA, Starbucks, Amazon etc. das steuerbefreite mittelstandsruinierende Handwerk legen. Merkwürdig nur, dass er dort, wo er es konnte, als Spitzenmann der EU, sich diesbezüglich nicht gerade mit Ruhm bekleckert hat. Wir wünschen ihm zukünfig mehr Mut, denn in seiner früheren Funktion verhinderte er einen Untersuchungsausschuss gegen seinen EU-Fahnen-Juncker, in dem dieser Steuerskandal aufgeklärt werden sollte. Aber man sollte aus biblischer Erfahrung niemals ausschließen, dass sich jemand vom Saulus zum Paulus entwickeln kann.

Dieses Erweckungswunder der Erkenntnis auf dem Wege von Jerusalem nach Damaskus ist von unseren Wertefreunden jenseits des Atlantiks vorerst nicht zu erwarten. Sie bomben trotz des ausgehandelten Waffenstillstands im Verein mit ihren saudischen Waffenwertebrüdern munter kollateralschadenfreundlich weiter. Die USA haben es geschafft, ihr Kriegsziel, die Destabilisierung des Nahen Ostens zu erreichen. (siehe: Studie des wissenschaftlichen Beirates von ATTAC zum Syrienkrieg, https://blog.fdik.org/2017-01/s1485419713.html). Dabei geriet das 2000jährige Nahostchristentum völlig unter die Räder. Das scheint unseren Wertepolitikern völlig unwichtig, ebenso wie die Tatsache, dass die USA ihren UN-Beitrag für friedensschaffende Missionen und Armutsbekämpfung seit Jahren nicht bezahlen. Boykottdrohung unserer Volksvertreter? Im Gegenteil, die unterwürfige Bundesregierung sagt den „USA-First" Politikern brav zusätzlich wahnsinnige Rüstungsmilliarden zu. „Mehr Geld für Armee statt für Arme" heißt das Motto dieser Wertegemeinschaft. NA(h)TO(d)verpflichtung mindestens 2% vom BSP. Niedersachsen wird mittlerweile zum Drehkreuz für US-Truppen, die mit ihren Kampfpanzern im Bremerhaven eintreffen und von dort an die russische Grenze verlegt werden, so der Oberbefehlshaber der US-Landstreitkräfte in Europa, General Frederic Hodges in Osterholz-Scharmbeck bei Bremen. Doch wo hin mit dem vielen Geld? Von den 8 neuen, Milliarden teuren, mit Elektronik vollgestopften A 400 M Transportflugzeugen ist nur eines aufgrund ständiger technischer Pannen überhaupt flugtauglich. Kürzlich bci cinem Truppenbesuch Frau von der Leyens an der Ostfront versagte diese letzte (neue) Maschine beim Rückflug. Ein böses Omen? Da wäre es doch besser gewesen, gleich die letzte Junkers JU 52, Baujahr 1932, der Lufthansa einzusetzen. Unser auf dem Hof aufgewachsener Onkel Bernhard hat nie vergessen, dass eine solide Tante JU der deutschen Luftwaffe ihn mit dem letzten Flug unter massivem Beschuss der Sowjetarmee aus dem Kessel von Tarnopol ausflog und trotz brennenden Motors sicher auf dem Feldflugplatz in Kischinew, Moldawien, landete. Ohne jede Elektronik.

Wir haben uns von unserem mit Computern vollgestopften John Deere Traktor verabschiedet und vertrauen nun auf Technik, die ohne Elektronik auskommt. Mehr als 20 000 Euro Reparaturaufwand hat uns das komfortable Monster in den letzten 10 Jahren gekostet.

Endlich fertig! Der in unserer Werkstatt von Malwin restaurierte und modernisierte Hecklader für den Kramer 1014 Allrad.

Der mächtige John Deere-Landtechnikkonzern möchte im Verein mit Google, BAYER und Monsanto die informationelle Weltherrschaft über die Landwirtschaft übernehmen. Selbst die Händler stehen unter dieser Fuchtel.

Alle drei Monate müssen sie ein neues Update für die Mechatronik kaufen. Für jeden Werbeprospekt verlangt der Multi Money.

Für die leichteren aber Wendigkeit erfordernden Arbeiten haben wir uns nun die letzte Neuentwicklung des ehemals „Volkseigenen Betriebs" VEB Fortschritt der DDR zugelegt, den Systra 650 H. Mit diesem technischen Geniestreich (Allradlenkung, stufenloser hydraulischer Antrieb etc.) wollten die Arbeiter des zur Wende 1990 in LTS (Landtechnik Schönebeck) umbenannten Betriebes, ihre Arbeitsplätze retten. Zusätzlich erwarben sie vom Daimler Konzern die Lizenz, den technisch anspruchsvollen MB-trac weiterzubauen. Der westdeutsche Konzern hatte wegen mangelndem Profit daran kein Interesse mehr. Auch der Schlepperbauer Anton Schlüter aus Freising, der auf Grund des Zusammenbruchs seines Ostgeschäftes keine Perspektive mehr sah, verlegte die Produktionsanlagen für seinen modernen Eurotrac nach Schönebeck. Selbst der Qualitätsschlepperbauer Eicher experimentierte dort mit dem extrem sparsamen Elsbettmotor. Über die nun folgende Tragödie der Privatisierung unter Leitung der bundesdeutschen Treuhand gibt es unterschiedliche Geschichten. … Sie setzte die engagierte Geschäftsleitung ab. Im Frgebnis wurden nach der schrittweisen Vernichtung von 4 600 Arbeitsplätzen alle hoffnungsfrohen Unternehmungen und Projekte zur Jahrtausendwende endgültig vor die Wand gefahren.

In der Frage der Gefährlichkeit von Glyphosat lassen die Lobbyisten der Konzerne angesichts der Profitgefährdung nicht locker. Sie haben das europäische Gesundheitsamt dazu gebracht, eine Krebs-Ungefährlichkeits-Bescheinigung auszustellen. Bauern und Bürger, Pflanzen und Tiere stellen nun das Versuchslabor dar. Das Jagdmagazin Wild und Hund hat sich in einer lesenswerten engagierten Titelstory „Jetzt belegt: so schadet Glyphosat" (Ausgabe 21 vom 3. November 2016) mit diesem Thema beschäftigt. Der Chefredakteur Heiko Hornung kommt in seinem Editorial zum Ergebnis: „Angesichts der Ergebnisse der Veterinärmedizinischen Fakultät Leipzig kann es kein `weiter so´ der Bundesregierung geben, die sich noch Anfang des Jahres für den Einsatz von Glyphosat ausgesprochen hat". Nun hagelt es Abo-

Kündigungen von empörten Bauern, die sich nicht eingestehen wollen, dass sie zu sich selbstgefährdenden Giftmischern geworden sind, indem sie den Beratervorschlägen und Werbeprospekten gefolgt sind.

Die europäische Bürgerinitiative gegen Glyphosat organisiert nun eine Unterschriftenaktion. https://www.campact.de/glyphosat/buergerinitiative/

Jeder kann auch bei der Befragung der EU „welche Landwirtschaft wollen wir" darüber abstimmen, in welche Art von Landwirtschaft die öffentlichen Mittel künftig gehen sollen.
https://ec.europa.eu/eusurvey/runner/FutureCAP?surveylanguage=DE

Der agrarpolitische Sprecher der „Grünen" im Deutschen Bundestag, Friedrich Ostendorf, wird am Freitag, den 12. Mai, abends Gast auf unserem Hof sein und über Hintergründe und Perspektiven künftiger Verbraucher- und Landwirtschaftspolitik berichten und für kritische Frage offen stehen. Bitte kommt alle und bringt Gäste mit.

Unser Waldkindergarten hat kürzlich auf einem Elternabend die bisherigen Erfahrungen ausgewertet. Die Eltern waren einhellig begeistert über die Entwicklung ihrer Kinder. Manche berichteten, wie ihr Kind am Wochenende kaum den Montag abwarten könne, an dem sie wieder kommen können. Rosalind berichtete über die Ergebnisse einer umfassenden Studie, die untersucht hat, wie sich der Besuch eines Waldkindergartens im Vergleich zum Regelkindergarten auf den nachfolgen schulischen Besuch der 1. Klasse auswirkt. Eindeutig konnte nachgewiesen werden, dass die „Waldkinder" besser auf die Schule vorbereitet waren: „Kinder entwickeln sich durch Bewegung und Spiel am besten, wenn sie ihrer Kreativität und Fantasie freien Lauf lassen können".

Viele Grüße vom CSA Hof Pente

MAI 2017

Er ist's
Frühling lässt sein blaues Band
Wieder flattern durch die Lüfte;
Süße, wohlbekannte Düfte
Streifen ahnungsvoll das Land.
Veilchen träumen schon, wollen balde kommen.
- Horch, von fern ein leiser Harfenton!
Frühling, ja du bist's!
Dich hab ich vernommen.

Eduard Mörike

Goldene Sonnenkraft durchflutet den grün schimmernden Frühlingsmorgen. Aufsteigende Fruchtbarkeit streckt sich dem Himmel entgegen. Die duftende Haut von Mutter Erde verströmt ihre überbordende Liebeskraft. Geballte Kastanienknospen öffnen ihre Kerzen und Kelche den vom Farbduft verzauberten Insekten. Arbeitsreiches Früh-links-erwachen erstreckt sich bis zum spät rechts einschlafen. Eine Welt voller neuer Farben, Licht und Tönen entfaltet sich.

Mit 7000 Punktaugen scannt die **Biene** die Welt um sich herum ab und zeichnet eine neue Duftlandkarte. Blüten, Bäume, Felder und Himmel sehen für sie aber ganz anders aus als für uns Menschen, weil sie auch das ultraviolette Farbspektrum wahrnehmen kann. Sie ist sogar der Lage, die Polarisation des Lichtes erkennen, so dass sich ihr der Himmel als kontrastreiches Muster darstellt, welches ihr die Orientierung ermöglicht. Ihr hoch entwickeltes Riechvermögen kann Substanzen auseinanderhalten, die sich chemisch nur durch ein einziges Kohlenstoffatom unterscheiden. Ihre Kommunikation ist so hoch entwickelt, dass sie sich im dunklen Bienenstock mithilfe elektrostatischer Felder über Orte verständigen kann, die kilometerweit entfernt sind.

Der Umgang mit den Bienen (die Zeidlerei) war im Mittelalter eine hoch angesehene Tätigkeit. Das zeideln (althochdeutsch: Honig schneiden) fand in etwa 5 m Höhe in alten hohlen Bäumen statt. Die Zeitler wurden von Kaiser Karl IV im Jahre 1350 mit einer reichsunmittelbaren Privilegierung ausgestattet, durften eine eigene Gerichtsbarkeit ausüben und als einziger Stand außer dem Ritter Waffen tragen. So wurde die Armbrust neben der grünen Tracht und der langen Zipfelmütze das Imkersymbol. Diese Privilegierung ist offiziell niemals aufgehoben worden, so dass das Zeidelrecht theoretisch heute noch gilt. Doch die Imker werden zunehmend vom Staat im Stich gelassen. Die zuständige Risikobewertungsstelle des Bundes in Braunschweig hat das Neonicotinoid Thiacloprid als „nicht bienengefährlich" erklärt, obwohl unabhängige Wissenschaftler nachgewiesen haben, dass es das Bienengedächtnis massiv schädigt. Der renommierte Forscher Randolf Menzel schreibt dazu: „Wie kommt die biologische Bundesanstalt für Land- und Forstwirtschaft, die im Julius-Kühn-Institut, Braunschweig, beheimatet ist, dazu dieses Siegel zu vergeben? Es ist ein eher offenes Geheimnis, dass eben diese Stelle für Zuwendungen aus der Industrie empfänglich ist, denn die zahlt ja für die notwendigen Untersuchungen, was sich nach meinen Erfahrungen über kurz oder lang als ein Pakt mit dem Teufel entpuppt."

Bienen könnten aufgrund ihrer Sensibilität demnächst für unsere ländlichen Ökosysteme das werden, was die Ökologen als „Leitorganismen" oder „Bioindikatoren" bezeichnen. Daher ist das Engagement Martins für die Bienen auf unserem Hof als Qualitätssicherungsmittel wichtiger als manches Logo einer Zertifizierungsstelle!

Die älteren erinnern sich vielleicht noch. Früher waren die Windschutzscheiben der Autos im Frühling mit zahlreichen Insektenleichen verschmiert. Heute passiert uns das kaum noch. Statt uns zu früh zu freuen - das ist ein bedenkliches Zeichen! Warum kommen die Mücken nicht in den Himmel? Die sind InSekten ;-). Wir sind übrigens der Standort eines Forschungsprojektes der Universität Oldenburg, in dem aktuell der Bestand und die Entwicklung verschiedener Insektenarten wissenschaftlich nachgewiesen werden soll. Es ergänzt die Arbeit von Rolf Hammerschmidt (Vogelstudie) zu den Bereichen Insekten und Reptilien. Das Überleben der Insekten, der Artenreichtum bei Vögeln, sowie die Fruchtbarkeit des Menschen werden heute stark bedroht von Chemikalien, denen wir im Alltag ständig ausgesetzt sind. Weichmacher in Plastik, Spielzeug und Kosmetika, sowie Pestizide in Lebensmitteln können sich auf den menschlichen Hormonhaushalt verheerend auswirken. Die Fruchtbarkeitsraten in Europa haben einen historischen Tiefstand erreicht. Hodenkrebs, Penisfehlbildungen, Pubertätsstörungen bei Kindern, sind ebenfalls Auswirkungen dieser hormonell wirksamen Chemikalien. Die zuständigen Behörden der Europäischen Union verschleppen aufgrund eifriger Lobbyarbeit der Chemiekonzerne schon seit Jahren wirksame Verbote und Grenzwerte. Und auch wenn es bereits bei einigen wenigen der hormonell wirksamen Chemikalien (endocrine disrupting chemicals, EDCs) Grenzwerte gibt, werden deren gegenseitig sich verstärkende Effekte (Cocktaileffekte) bei der Festlegung dieser Grenzwerte bisher überhaupt nicht berücksichtigt. Zudem ist zu beachten, dass bei den endokrinen Disruptoren das alte Prinzip des Paracelsus „die Dosis macht das Gift" nicht stimmt. Nach dem Wirkungsprinzip der Hormone können schon kleinste Mengen einen unerwünschten Effekt auslösen, während bei höheren Dosen eventuell kein oder ein völlig neuartiges Symptom auftritt (Eidgenössisches Bundesamt für Gesundheit, 12.2016).

Ganz eilig hat es jedoch die europäische Chemikalienagentur ECHA bei der Wiederzulassung des von der Weltgesundheitsorganisationen WHO als vermutlich Krebs erregend eingestuften Wirkstoffs Glyphosat, denn hier geht es ja um den drohenden Profitausfall. Entsetzt kritisierte die Greenpeace Landwirtschaftsexpertin Christiane Huxdorff, dass nun von der EU der chemischen Industrie der Weg freigemacht wird, um Europas Bevölkerung weiterhin als Versuchskaninchen für Krebsgefahren zu missbrauchen.

Forscher des Helmholtz Zentrums München haben herausgefunden, dass Feinstaubpartikel und Nanopartikel in der Lage sind, versteckte gefährliche Viren in unserem Körper zu aktivieren. Wie bei Agenten und Terroristen, die als „Schläfer" agieren, verstecken sie sich im menschlichen Körper vor dem Immunsystem, um nicht entdeckt zu werden. Verändert sich aber nun die Situation, zum Beispiel durch eine Schwächung der körpereigenen Abwehr durch Nanopartikel, so nutzen die Erreger ihre Chance, werden aktiv und können verschiedenste Krankheiten von Herpes bis hin zum Pfeifferschen Drüsenfieber auslösen (Particle and Fibre Toxicology).

Wissenschaftler des norwegischen Instituts für Wasserforschung und der schwedischen Universität für Agrarwissenschaften warnen eindringlich vor der zunehmenden Konzentration von Mikroplastik in landwirtschaftlichen Böden. Diese winzigen Kunststoffteilchen stammen zum Beispiel aus der Kosmetikproduktion. Ihr Auftreten in den Ozeanen wird zunehmend ein globales Problem, weil sich diese Teilchen zum Beispiel in den Fischen anreichern. Aber man findet sie auch in Klärschlämmen, von denen in Europa und Nordamerika etwa 50 % auf dem Acker landen. Und zwar in einer Menge, welche die jährliche Zufuhr von Mikroplastik in den Ozeanen übertrifft. Eine Studie von 2016 zeigt, dass diese Stoffe in der Lage, sind die Fruchtbarkeit von Regenwürmern und die Bodenqualität zu beeinträchtigen und darüber hinaus auch von Nahrungspflanzen aufgenommen werden (Environmental Science & Technology). Deshalb weigern wir uns auch, diese Schlämme zu verwenden, selbst wenn es dem Recyclinggedanken widerspricht.

„Spiel mir das Lied vom Tod" heißt es so schön dramatisch im Westernklassiker von Sergio Leone. Prostatakrebs hat eine andere Melodie als gesundes Drüsengewebe. Das hat David Brocks, Wissenschaftler am deutschen Krebsforschungszentrum in Heidelberg, herausgefunden, indem er die genetischen Unterschiede zwischen „gesund" und „krank" hörbar zu machen versuchte. In dieser durchaus ernst gemeinten und funktionierenden Methode werden chemische Markierungen, die auf der Erbsubstanz sitzen, in Akkorde und Tonfolgen übertragen. Früher gingen viele Wissenschaftler davon aus, dass alle wesentlichen Erbinformationen auf dem DNA Strang gespeichert sind und nur diese vererbt werden. Heute ist man etwas klüger und erkennt zunehmend, dass auch die im Laufe des Lebens erworbenen Einwirkungen und Erfahrungen genetische Veränderung hervorrufen und damit an die Nachkommen weitergegeben werden können. So zum Beispiel über die Anpassung an klimatische Veränderungen, die negativen Folgen des Rauchens, Stress, oder dass was wir über die Nahrung zu uns nehmen. Es wäre sicher interessant, anhand der Isotopensignatur unseres Biogemüses die Sinfonie der Nahrung unserer CSA zu komponieren.

In der Theorie sind Theorie und Praxis das gleiche. In der Praxis sind sie es nicht! Der Unterschied ist Unsicherheit. Unsere „**black Penter**" haben uns auf unserem Weg zur Verbesserung der Pferdearbeit vor große Herausforderungen gestellt. Aber ohne Scheiß kein Preis, wie der Deutsche, oder Öde Mühsal statt Mehsud Ösil, wie der Türke sagt. Jüngstens ist uns die ansonsten brave und fleißige Bella beim Arbeitsgerätetraining durchgegangen. Glücklicherweise sind Martina und Bella vom Stahlrahmen der Schleppe nur leicht verletzt worden und alle übrigen Beteiligten mit dem Schrecken davon gekommen.

Pferde können, eben weil sie Fluchttiere sind, unvorhersehbar reagieren, oder in Panik geraten. Eigentlich ist es ja unglaublich, dass Pferde überhaupt in der Lage und bereit sind, Lasten zu schleppen, oder gar klappernde Gegenstände hinter sich herzuziehen. Zu diesem Zweck benötigen sie ein Desensibilisierungstraining. Oder - nach Paniksituationen - gar eine Traumatherapie. Und – Vertrauen!

Ein Pferd entscheidet selbst, ob es uns vertrauen kann. Es ist ein Missverständnis, diese Arbeitsgrundlage nur durch Tricks und raffinierte Methoden beim Pferd erreichen zu wollen. Es erfordert eine Arbeit an uns selbst. Diese Arbeit an unserer eigenen inneren Klarheit und Autorität ist die Grundlage dafür, dass das Pferd uns als Anführer akzeptiert. Kommt dazu auch eine echte Zuneigung, möchte es seine Aufgabe auch gut machen und ist letztlich unzufrieden mit sich, wenn es ihm noch nicht gelingt. Diese Beziehung kann sich so entwickeln, dass es für den Menschen durch dick und dünn geht.

Beispiel für Traumaarbeit: Unser 8-jähriger Friesenwallach Diego hatte bereits Erfahrung als Einspänner vor einem gummibereiften Wagen. Daher gingen wir davon aus, dass er auch in der Lage sei, ein Ackergerät zu ziehen, in diesem Fall eine Beikrauthacke, einen „Igel". Zunächst sah es so aus, als ob er sich an seinen neuen Anhang gewöhnen könnte. Aber er war zunehmend gespannt. Bei der Wendung auf dem Gemüseacker passierte es: Die Kettenzugstränge schabten klirrend an seinen Hinterbeinen. Verunsichert trat er über die Stränge. In diesem Moment wieherte die von ihm über alles geliebte Stute Bella. Er hob ebenfalls wiehernd den Kopf, richtete sich zu seiner vollen Größe auf und trat unruhig auf der Stelle. Mit Mühe und Not konnten wir das angehängte Gerät abkoppeln. Dann raste er in Panik samt Kettensträngen und Schwengel zurück zum Stall zu seiner Stute.

Zur Traumatherapie suchten wir diesen stressbelasteten Ort unter Anleitung von Tanja mit Schwengel und Kette wieder auf und versuchten ihn positiv zu verankern, durch frisches Gras und trockenes Vollkornleckerli. Die spannungsgeladene Erinnerung löste sich zunehmend auf. Nun musste die Zugkette wieder zum vertrauten sympathischen Gegenstand werden. Der Körper wurde vorsichtig mit der rasselnden Kette gestreichelt, dann verschmolzen Leckerli und Kette in der Hand zu einer positiven Erfahrung. Danach konnte die Bodenarbeit mit einer Wiesenschleppe innerhalb des Paddocks neu beginnen. So muss vorerst der alte erfahrene Benny, geführt von Rosalind und Jürgen, die Pferdearbeit schultern. Für die leichte Bodenarbeit haben wir noch eine Netzegge angeschafft. Für die weitere Entwicklung hoffen wir durch die Spenden und noch zu erwartende Projektmittel weitere modernere Pferdegeräte anzuschaffen. Wir haben auch darüber nachgedacht, ein ausgebildetes Kaltblutpaar für den Garten zu suchen...

Die Aufarbeitung von Traumata bei Pferden und die Herstellung eines Vertrauensverhältnisses ist eine lange Geschichte. Mein Großvater Franz Heinrich vom Hof in Pente war dafür bekannt, dass er „Schindmähren" billig erwarb und sie gesund pflegte. Diese Pferde, die von brachialen Fuhrleuten geschunden wurden, oft vor Angst zitterten und nur noch aus Haut und Knochen bestanden, so dass noch nicht mal ein Schlachter sie kaufen wollte, wurden von ihm gefüttert, gepflegt und gewannen so allmählich wieder Vertrauen zu Menschen. Manche behielt er selbst, andere verkaufte er auch weiter.

Mit dem starken Hecklader des Kramer wird selbst das Versetzen der großen Schweinehütten zum Kinderspiel

Die Hof Pente Stiftung war Thema des letzten Hof Cafés. Mitglied und Steuerberater Kai Brickwedde erläutert den Stand der Stiftungsgründung. Darüber hinaus machte er deutlich, welche Chancen sich aus einem von Tobias erarbeiteten Projektantrag ergeben können, der die Themen Bildungskonzept, Kompostwirtschaft und Pferdearbeit beinhaltet. Jeder von den Mitgliedern gespendete Euro kann über Steuerersparnis und Vervielfachung des Eigenanteils über die Förderung sich auf bis zu fünf Euro multiplizieren.

Unsere Mitarbeitenden Clara und Felix hatten für die Woche vor Ostern Lehrende und Schüler der Brockwood School England eingeladen und stellten das Konzept und den Alltag einer ungewöhnlichen Schule vor.

Paul Kästner, der erfolgreich bei uns seine landwirtschaftliche Ausbildung abgeschlossen hat, reist am 20. Mai Frau und Kind nach Namibia, um dort seine landwirtschaftlichen Kenntnisse zu erweitern.

Nochmals laden wir ganz herzlich zu Diskussionsveranstaltungen mit dem Agrar- und Ernährungs- politischen Sprecher der Grünen im Deutschen Bundestag Friedrich Ostendorf am 12. Mai ab 18:30 Uhr ein. Jeder der kommen kann, bringe bitte noch Gäste mit!

Herzliche Frühlingsgrüße vom CSA Hof Pente

PS: Hier noch die ungekürzte Version des Leserbriefs, der in der NOZ am 22.04.17 gekürzt erschien:

Wer auch immer den jüngsten Giftgasangriff in Syrien befahl, es war ein Verbrechen. Erstaunlich nur, dass ohne jede Prüfung den meisten Medien scheinbar unzweifelhaft klar war, dass es nur die syrische Assad Regierung sein konnte. Woher nahmen sie ihr Wissen? In solch brisanten Fällen hilft immer die Frage weiter: cui bono - wem nützt es? Der Assad Regierung sicher nicht, denn es hatte sich eine Verhandlungslösung zur Stabilisierung der Lage in Syrien unter der Führung Rußlands angebahnt, die durch solche Aktionen existenziell bedroht worden ist. Also wem? Der den Krieg weiterführen will!

Noch sonderbarer ist das Verhalten der meisten westlichen Regierungspolitiker. Allen voran der Bundesregierung. Das Völkerrecht ist hier scheinbar völlig egal. Man kann straflos ein anderes Land bombardieren. Ohne Kriegserklärung. Ohne UN Mandat. Allerdings nur wenn man USA heißt.

Erinnern wir uns: Zur Stimmungsmache der Weltöffentlichkeit und Legitimierung des ersten Irakkrieges beauftragte das US-Verteidigungsministerium die Werbeagentur Hill & Knowlton mit der Produktion einer Propagandalüge mit gefälschten Fotos von irakischen Soldaten, die angeblich in Kuwait Babys aus Brutkästen gerissen hatten. Zur Rechtfertigung des zweiten

Irakkrieges legte der US-Außenminister Colin Powell vor dem UN Sicherheitsrat echt gefälschte Beweise vor, dass der Irak im großen Umfang Massenvernichtungsmittel besitze. Die neue US amerikanische UN Botschafterin Nikki Haley scheint mit der politischen Nutzung von Fotos der Opfer des Giftgasangriffs für militärische Zwecke mit der gleichen perfiden Strategie beauftragt worden zu sein.

Nach Recherchen des renommierten US-Journalisten und Pulitzerpreisträgers Seymour Hersh wurde bereits 2012 Sarin aus libyschen Giftgasbeständen von der CIA nach Syrien geschmuggelt und dort von islamistischen Rebellen eingesetzt. Dieser Giftgasanschlag wurde anschließend der Assad Regierung zur Last gelegt und sollte als zynischer Vorwand für eine Militärintervention der USA dienen. Der damalige US Präsident Obama ließ sich jedoch auf den Vorschlag Russlands ein, das gesamte Giftgaspotenzial Syriens unter internationaler Aufsicht zu vernichten.

Erstaunlich ist auch, dass die NATO derzeit eine gewaltige Hochrüstungspolitik betreiben will. Wozu? Russland hat nach aktuellen Angaben des US-Fachmagazins IHS Jane`s Defense Weekly (16.3.2017) beschlossen, seinen Verteidigungshaushalt von 2016 zu 2017 um 25,5 %! auf 65,4 Milliarden $ zu reduzieren. Warum ist dies den meisten unserer Medien keine Meldung wert? Zum Vergleich: die USA geben derzeit rund 600 Milliarden $ jährlich für Rüstung aus; dazu kommen noch rund 300 Milliarden der europäischen Verbündeten.

Wie sagte schon der ehemalige russische Präsident Gorbatschow, der Deutschland die Einheit geschenkt hat, kürzlich in großer Sorge: „Die Beziehungen zwischen Russland und Deutschland, die sich in letzter Zeit bedauerlicherweise verschlechtert haben, sind nicht nur für die beiden Länder, sondern auch für die Aufrechterhaltung der europäischen Einheit und für die ganze Welt von außerordentlicher Bedeutung. Im nuklearen Zeitalter kann der Krieg nicht ein Mittel der Politik sein." Und er rief die Deutschen dazu auf, endlich wieder zur Umsetzung der Idee des gemeinsamen Hauses Europa zurück zu kehren.

Papst Franziskus bezeichnete in seiner Osterbotschaft den internationalen Waffenhandel als das derzeit größte Verbrechen an der Menschheit.

Mechanisches Hacken im Mais sorgt für gesundes Hühnerfutter und glyphosatfreie Frühstückseier

JUNI 2017

Grundkraft ist die Liebe
… immer ist sie da.
Wer glauben würde, dass der größte Hasser,
der größte Egoist keine Liebe habe, ist im Irrtum… .
Aber so wie der Mensch die Luft zum Atmen braucht,
so braucht er das Liebeswerk,
die Liebesbetätigung für seine Seele.
Was tut aber der Egoismus?
Er lässt die Liebe nicht hinaus wirken,
er presst sie in die Seele hinein…

Damit der Mensch nicht ersticke…
muss die Liebe ausströmen.

Rudolf Steiner

Zehntausende blutjunger Pflanzenkinder wurden von unseren Gärtnern im Wonnemonat Mai vertrauensvoll an die Brust der Mutter Erde gelegt. 100 tausende frisch gelegte Samenkörner verwandeln die sie umgebende Erde in wohlschmeckendes Gemüse. Das durch seinen Tod fruchtbar werdende Samenkorn ist das Tor zum Paradiesgarten. Mitte Mai überschüttete der Wassergott den letzten Eishauch von Väterchen Frost mit seinen überbordenden himmlischen Gießkannen. Kulturschutznetze halten Schadinsekten fern.

Allerdings haben einige Kohlfliegen sich eingeschmuggelt, die für ihren gefräßigen Nachwuchs eine reiche Mitgift suchen. Wir versuchen, mit Neembaumöl ihre Fresslust zu vergraulen. Die Singvögel helfen aus der Luft mit Argusaugen den grünen Schatz zu schützen und können mit ihrem eifrig gewonnenen Fang den Nachwuchs füttern. Auch die Sozialwohnung in der Außenmauer des Abholraums ist besetzt. Dort versorgen fleißige Meiseneltern ihre Kinder mit leckeren Würmern.

Den Futtermais konnten wir Anfang Mai rechtzeitig mit unserer Einzelkornsämaschine aussäen. Zum Schutz vor Wildfraß wurden die Maiskörner in einer alten Betonmischmaschine mit Holzteer benetzt und mit Holzasche aus unserer Holzhackschnitzelheizung eingepudert. Wir hoffen, mit diesem Pflanzenschutz eine gute Alternative zu den Agrargiften gefunden zu haben und die schlauen Rabenvögel vom Verzehr abzuhalten.

Noch entwickeln sich die Kartoffeln prächtig. Den Wasserguß haben sie wonnevoll labend genossen. Eine dreifache Spritzung mit dem Hornkieselpräparat soll die Bildung von Chitinase fördern und damit ihre Abwehrkraft gegen Krankheitserreger wie Krautfäule stärken. Die Frühkartoffeln auf dem Windradstück wurden weitgehend mit Muskelkraft der Pferde bodenschonend bearbeitet. Arbeitspferdefreunde ohne Arbeitsfeld haben sich freundlicherweise bereit erklärt, auf dem CSA Hof ihre irischen Connemaras einmal pro Woche einzusetzen. So dass unser Benny nun von der Stute Bavaria und dem Wallach Anton unterstützt wird.

Immer wieder wird von interessierter Weise reflexartig statt reflektiert behauptet, dass der Bioanbau wesentlich geringere Flächenerträge aufweise als die konventionelle Landwirtschaft. Von daher, so meinen die Pauschalurteilstouristen, sei dieser nicht in der Lage, die Welt zu ernähren. Es wird dabei vergessen, dass man eigentlich die Jahresnettoprimärproduktion (gesamte Fotosyntheseleistung eines Jahres) betrachten muss. Und es wird ebenfalls vergessen, welche zusätzlichen notwendigen Ökosystemleistungen die Biolandwirtschaft liefert und damit die Biosphäre der Welt stabil (resilient) hält. Je vielfältiger (biodiverser) der Anbau ist, desto mehr Fotosynthese und Wurzelwachstum durch Interaktion und Konkurrenz der Arten entwickelt sich. Auch die Vielfalt an Wurzelausscheidungen (Exsudate) nimmt zu. Diese können sich selbst Nährstoffe aus dem mineralischen Boden aufschließen. Ganz abgesehen von den sonstigen ökologischen Vorteilen einer vielfältigen Umwelt. Azubi Fritzi will auf einem Gartenstück zeigen, wie nach dem alten mexikanischen Milpa-Prinzip das sie in Chiapas kennengelernt hat, ein integrierter Anbau von Zuckermais, Bohnen und Kürbis funktionieren kann.

Unser grünes **Hühnerseniorinnenwohnheim** wurde zwecks gründlicher Sanierung vorübergehend aufgelöst und ihre Bewohnerinnen einem neuen edlen Dasein in der Inkarnationslinie des Menschen zugeführt. Dafür wird die geschwundene Einwohnerzahl von „Lohmann braun" Legehennen im großen weißen Mobilstall mit „New Hampshire" Rassehühnern angereichert. Wir hoffen, damit dem Brexit des Hühnervolkes entgegenzuwirken.

Diese Tiere sind die Eltern von **Domäne Silber** (Ossis). **Lohmann braun** (Wessis) ist das Produkt der Züchtung eines westdeutschen Geflügelkonzerns und diese zeichnen sich durch eine hohe Legeleistung und besondere Eignung für Mobilställe aus. Domäne Silber ist eine Zweinutzungsrasse (Eier und Fleisch) bei der die Brüder nicht automatisch massakriert werden. Die Nutzungsrechte an dieser letzten Züchtung der untergegangenen DDR wurden von den Bioverbänden übernommen. Man sagt allerdings diesen Ossis nach, dass sie etwas dümmer, fauler und gefräßiger seien. Aber das ist bestimmt nur ein Vorurteil der arroganten Wessis.

In unserer Region zeigt der „alles Müller oder was" – Konzern in ungeschönter Weise, was ihm Lebensmittel bedeuten: alles für den Profit - Arbeitskräfte und Politiker sind nur nützlich, soweit sie auszubeuten sind und/oder nach dieser Pfeife tanzen. Der Konzernsitz liegt bereits in der von EU- Juncker für Großkonzerne eingerichteten Steueroase Luxemburg. Damit die Privatsteuern des Multimilliardärs auch noch „optimiert" werden, hat Theo Müller seinen Wohnsitz 2003 in das Schlupfloch Zürich verlegt und zeigt von dort dem braven deutschen Steuerzahler die lange Nase. Das hindert ihn aber nicht daran, mit langen Fingern in unsere Steuerkassen zu greifen. Bereits 1994 ließ er sich mit Hilfe der diensteifrigen Politik bei der Übernahme der Sachsenmilchwerke in Leppersdorf 70 Millionen Euro EU- und Landesförderung schenken (Der Spiegel). Mal sehen, wieviel der öffentlichen Hand diesmal die Abeitsplatzvernichtung in Dissen wert ist. „In der Landwirtschaft lässt sich kein Geld verdienen - aber an der Landwirtschaft!" sagte meine Mutter früher.

Diesem Leitmotiv fühlt sich auch offensichtlich der Bundeslandwirtschaftsminister Schmidt (CSU) verpflichtet. Er will ein neues Tierschutzlabel einführen. Von den vorgesehenen Mitteln sollen 7 Millionen € an Investitionsmaßnahmen für Maßnahmen in der Landwirtschaft ausgegeben werden (nach Expertenmeinung wären dafür etwa 1 500 Millionen € erforderlich) und 70 Millionen(!) soll die Werbeagentur für die Logowerbung erhalten. So lässt sich auch noch am Elend der Tiere in der Massentierhaltung Geld verdienen.

Die großen Landmaschinen- und Internetkonzerne haben eine neue Möglichkeit gefunden, die Bauern grenzenlos auszubeuten. Wenn Sie bei John Deere in den USA einen neuen Traktor bestellen, müssen Sie sich gleich vertraglich verpflichten, diesen auf keinen Fall selbst zu reparieren. Andernfalls behält sich das Unternehmen vor, diesen Traktor elektronisch abzuschalten. Es muss bei jeder Störung ein befugter Mitarbeiter des Herstellers angefordert werden und das schlägt jeweils mit mehreren 100 $ zu Buche. Wenn dieses Prinzip umgangen wird, erlischt nicht nur die Garantie, sondern der Bauer riskiert eine Vertragsstrafe und macht sich darüber hinaus nach dem Digital Millennium Copyright Act (DMCA) strafbar. Zusätzlich muss er noch akzeptieren, dass John Deere selbst für Schäden jeglicher Art durch Softwareprobleme, nicht verantwortlich gemacht werden kann. So sichert sich dieser Megakonzern die Möglichkeit und das Recht, den Bauern auch noch lange nach dem Kauf eines neuen Schleppers das Geld aus der Tasche zu ziehen. Eine neue Form des Rückfalls in die (technische) Leibeigenschaft des Mittelalters. Auch das deutsche Recht kennt einerseits das Eigentum nach dem Bürgerlichen Gesetzbuch (BGB) und das geistige Eigentum (NOZ vom 25.4.2017). Die umfassende Digitalisierung der Technik führt dazu, dass - wenn nur der Gegenstand gekauft wird - man noch nicht automatisch das Recht an seiner elektronischen Ausstattung und damit seiner vollen Nutzung, erworben hat. Das kann nach wie vor dem Hersteller gehören. Der gekaufte und bezahlte neue Schlepper gehört daher dem Bauern tatsächlich gar nicht wirklich. Wir wollen die Drogendealermentalität der Konzerne, die uns als

Junkys betrachten, nicht weiter unterstützen. Daher haben wir unseren reparaturintensiven John Deere verkauft und einen 40 Jahre alten top pflegten MB trac erworben, welcher zusätzlich mit einem Superkriechganggetriebe ausgestattet ist, das bis auf 85 m pro Stunde herunter geschaltet werden kann. Das ist für die Arbeitsgeschwindigkeit eines Kompostwenders notwendig.

Auch die normalen Landmaschinen, wie zum Beispiel ein Kartoffelroder, sollen nach dem Willen der hiesigen Hersteller zunehmend digitalisiert werden. Der Landmaschinenhersteller Christof Grimme aus Damme sagte kürzlich: „Die Daten sind das Öl oder das Gold der Zukunft. Das wissen wir doch inzwischen alle." (NOZ vom 6.5.2017). Wir ahnen schon, wie die Goldgräber der Zukunft mit den Dollarzeichen in den Augen, ihre Claims im geistigen Eigentum der Bauern abstecken, um sie dann zu enteignen.

Die zunehmende McDonaldisierung der Ernährung scheint zunehmend dramatische Wirkungen auf die psychische Gesundheit zu haben. Es geht also nicht darum: „Ein bisschen dick ist nicht so slim". Sondern um „die Krankheit des Westens", so wird der Autismus von den somalischen Eltern genannt, die Anfang der Neunzigerjahre vor dem Bürgerkrieg nach Kanada geflohen sind. Die kanadische Arzt Derrick Mac Fabe hat herausgefunden, dass Ernährungsweise, Darmbakterien und autistisches Verhalten eng miteinander verbunden sein können. Es könnte also sein, das Mikroben unserer Gemüt verändern (Der Spiegel Nummer 18/2017). Offensichtlich ist, dass autistische Kinder häufig Verdauungsprobleme haben. Diese sind verbunden mit einer wesentlichen Änderung der Darmflora. Wissenschaftlich unumstritten ist, dass unser Verdauungsapparat und das Denkorgan eng miteinander verbunden sind. Darmbakterien stellen zum Beispiel Dopamin, Adrenalin und Serotonin her. Das sind Neurotransmitter, die unser Gefühlsleben beeinflussen. Wenn allerdings im Darm eine Überproduktion kurzkettiger Fettsäuren vorliegt und diese über das Blut in das zentrale Nervensystem gelangen, beeinflussen sie das Gehirn. Man entwickelt daraufhin einen Heißhunger auf typisch westliche energiedichte Nahrung. „Außerhalb des menschlichen Körpers sehen Kalorien so entzückend aus". Versuche an Ratten mit Propionsäure (eine kurzkettige

Fettsäure) wiesen daraufhin das Verhalten von Hyperaktivität und Objektfixiertheit auf, wie wir es auch bei Autismus kennen. Die Forscherin Rosa Kraymalnik-Brown von der Arizona State University in Tempe entleerte den Verdauungstrakt von Autisten mit einem Abführmittel. Anschließend wurde die Darmflora gesunder Spender eingespült. Nach etwa acht Wochen verschwanden nicht nur die Verdauungsprobleme, sondern auch zunehmend die autistischen Verhaltensweisen. Wer sich also ausgewogen und ohne Fast Food ernährt, normalisiert nicht nur seine Darmflora, sondern tut auch etwas für seine Psyche.

Die Bundeskanzlerin Frau Merkel hat sich kürzlich über ihre Vision von Politik geäußert und dabei fiel das Stichwort „marktkonforme Demokratie". Wie schon beim Freihandelsabkommen sollen die Konzerne ihre Interessen formulieren, die dann von der Politik umgesetzt werden. Man soll es nicht nur so genau merken. So ist es nicht ganz einfach, überzeugend zu erklären, warum gerade Saudi Arabien, ein Staat in dem Blut triefende Menschenrechtsverletzungen vorkommen, massiv mit deutschen Panzern ausgerüstet werden muss. Da ist es doch einfacher, man liefert gleich eine ganze Panzerfabrik und beschränkt sich auf das Geld zählen. Es ist offenbar auch egal, dass Saudi Arabien seit 2015 einen Krieg gegen den Jemen führt, um die dortige demokratisch gewählte Regierung zu stürzen und durch eine den Saudis und den USA genehme zu ersetzen. Mit von Deutschland gelieferten Kriegsschiffen wird eine Blockade der Seewege durchgeführt, über die rund 90 % der Nahrungsmittel und Treibstoffe für die Wasserpumpen geliefert wurden. Über 7 Millionen Menschen sind dadurch von einer Hungersnot betroffen, darunter 1,3 Millionen Kinder unter fünf Jahren, wie die Weltgesundheitsorganisation berichtet. Wenn nun die Bundeswehr wie geplant auch noch die saudiarabische Armee ausbildet, wird sie Kriegspartei und unmittelbar mitschuldig am Tod unschuldiger Menschen.

Tobias hat in der Veranstaltung Schul(t)räume mit engagierten Mitgliedern, Eltern und Pädagogen, weiter überlegt, wie auf dem Hof eine Bildungsalternative jenseits einer Bildungsvollzugsanstalt und einer disneyfizierten Spaßpädagogik aussehen könnte. Kinder kommen auf die Erde, um die vier

Naturreiche (Mineralien, Pflanzen, Tiere, Menschen) zu entdecken und mit ihnen in einen realen Lebenszusammenhang zu treten. Diese vollständige Umgebung (Goethe) mit sinnhaften Beziehungen sei heute am ehesten noch in einem vielfältigen Gemeinschaftsgetragenen Bauernhof zu finden. Clara und Felix hatten Schüler und Lernprozeßbegleitende von der englischen Brockwood School eingeladen, die mit einem jahrgangsübergreifenden offenen Le(h)r(n)plan arbeitet und damit neue Nachdenkimpulse auslösten. In einer weiten Gesprächsrunde lieferte Ortrun Kühnert einen reflektierten, plastischen Einblick in die Erfahrungswelt der Freien Schule Marburg.

Jürgen hat nach einer intensiven Planungsphase die Gewächshausklimatisierung wesentlich verbessert. Tobias hatte in einem Schnelleinsatz die Steuerung und Getriebemotorentechnik eines mittlerweile bereits abgerissenen Gewächshauses vor der Verschrottung gerettet. Jürgen passte sie an die Anforderungen unseres dreischiffigen Hauses an und setzte sie zur Freude unserer Gärtner wieder in Betrieb.

Da auch bei unseren Mitgliedern das vegane reiten immer mehr in Mode gekommen ist schlagen wir vor weiter über Chancen und Möglichkeiten eines batteriebetriebenen Fahrradanhängers für den Transport der Gemüsekisten nachzudenken. Die Konstruktionspläne wurden bereits auf einer der letzten Mittwoch Mails vorgestellt.

Herzliche Frühlingsgrüße vom CSA Hof Pente

JULI 2017

Es war, als hätt´ der Himmel
Die Erde still geküsst,
Dass sie im Blütenschimmer
Von ihm nur träumen müsst´.

Die Luft ging durch die Felder,
Die Ähren wogten sacht,
Es rauschten leis die Wälder,
So sternklar war die Nacht.

Und meine Seele spannte
Weit ihre Flügel aus,
Flog durch die stillen Lande,
Als flöge sie nach Haus.

Joseph Freiherr von Eichendorff

Der süße himmlische Erdbeermund küsste in diesem Frühjahr die Gartenerde besonders heftig. Sogar die Singvögel fanden so den Mut zu einer zweiten Brut. Aus allen siebzehn Nistkästen, die von den Mitgliedern aufgehängt wurden, klingt eifriges Vogelgezwitscher. 15 Kohlmeisenfamilien und zwei Blaumeisenpäärchen fanden darin ihre Heimat. Dieses fleißige Luftgeschwader erbeutete für ihren Nachwuchs rund 140.000 gefräßige Kohlweißlingsraupen, so die intensive Beobachtung und Hochrechnung unseres Vogelforschers Rudolf Hammerschmidt. Die Haussperlinge nahmen sich derweil die Pflanzenläuse vor und bereiteten daraus für ihre Kinder leckere Kropfmilch für die Zwischenmahlzeiten zu. Selbst der Grauschöpfige Bremsenfresser ließ es sich nicht nehmen, sein Wächterdomizil zu unserem Schutz direkt oberhalb der Haupteingangstür zu errichten. Diesen todesverachtenden Mut musste er allerdings nach dem Nestabsturz mit dem Aufwand einer Zweitwohnung bezahlen. Die Kinder vom Kinderbauernhof sammelten erfolgreich die edel schwarzbraun gefrackten Kartoffelkäfer, nebst ihrem explosionsmäßig sich vermehrenden zerstörerischen Nachwuchs, um die Ernte zu retten. Andererseits hegen und pflegen sie im Waldkindergarten ihre Marienkäfersiedlung. Made in Pente.

Eine fruchtbare feuchtfröhliche Beziehung zwischen den Sphären schenkte uns bislang eine reiche Gemüseernte, trotz der Dürredurststrecke Mitte Juni. Aber es kostete gleichzeitig unsere Gärtner alle Kraft, um den wuchernden Wildwuchs in die richtigen Bahnen zu lenken. Der Harfenklang der Beikrautzupfer und der Hacken-kling-klang fand auch am Wochenende kaum eine Unterbrechung. Die **Pferde** gaben unter **Jürgens Anleitung** ihr Bestes, um Häufelpflug und Igel gerade durch die Reihen zu ziehen. Auf dem Acker kamen der große schleppergezogene Dammkulturrahmen und die Lenkhacke mit Pilotensitz zum Einsatz. Die Gartenwühlmaus Grabowski hatte unseren Jürgen so lieb gewonnen, dass sie zu ihm zur Untermiete eingezogen war. Er hat nun aber beschlossen, trotz der neuen Möglichkeiten und Regelungen im Partnerschaftsrecht klare Konsequenzen zu ziehen und die Beziehungen etwas abzukühlen.

Mit eiserner Konsequenz wurden in diesem Jahr unsere **Frühkartoffeln** mit Muskelkraft auf dem alten Reihenabstand von 62,5 cm angebaut. Die Ernte erfolgte mit einem alten Krupp Schleuderroder, der nach 60 Jahren wieder zum Einsatz kam. Nur die alte zierliche Kutschwagen- Deichsel hielt den Belastungen des kräftig ziehenden Pferdegespanns nicht statt und zerbarst krachend. Nach dieser ersten Enttäuschung setzte Gespannführer Bernhard eine Woche später mit einer zähen Eichenstange das Werk vor den staunenden Augen einer begeisterten Menschen -Kinderschar fort. Die fliegende Kartoffelbeute landete in vielen Fällen noch am gleichen Abend in der Gemüsepfanne unserer Mitglieder.

Der letztjährige **Freilandtomatenversuch** wird in diesem Jahr durch eine professionelle Rankhilfe erweitert und die Wurzeln mit einer Schafwollgabe bereichert. Die Gewächshaustomaten stehen derzeit unter dem Motto: „Geiz ist geil". Die Achseltriebe bei den Tomaten und Gurken werden ausgegeizt, damit die Pflanzen in der Lage sind, ausreichend gute Früchte mit optimalem Fleischansatz zu bilden.

Der Damm mit dem Ranknetz vor den Gewächshäusern gilt allerdings einer besonderen Kultur. Tobias baut in diesem Jahr seine geliebten Lichtwurzeln (discorea batatas) wieder an. Der Vater des Weltklasseläufers aus Jamaika, Usain Boldt, wurde einmal gefragt, wie sein Sohn so locker zu diesen Spitzenleistungen kommt: „Sein „Dopingmittel" sind unsere (Licht)yams." Bald wird uns hoffentlich diese geheimnisvolle Pflanze mit ihrem sinnlichem Blütenduft nach frischer Vanille verwöhnen.

Zwei Storchenpäärchen begleiteten die Heubergung aufmerksam. Dabei ist man völlig dem Wetter ausgeliefert. Aber was soll's? Karl Valentin sagte einmal: „Ich freue mich, wenn's regnet. Denn: es regnet auch, wenn ich mich nicht freue." Bei dieser Arbeit ist leider unser alter Kreiselheuer zerbröselt. Wie bei der Varusschlacht suchten unsere Kinder mit einem Metalldetektor die Flächen nach abgebrochenen Stahlzinken ab, damit sie nicht von der Pick up aufgenommen und in den Presskanal der Hochdruckpresse geworfen würden.

*Unser erstes **Heu** wurde von begeisterten Jungbauern geborgen*

In der Nacht zu Pfingsten brachte unsere erfahrene Zuchtsau Lu einen Wurf quicklebendiger Ferkel zur Welt. Acht **Pfingstferkel** legten ihre zarten Züngelchen um die Zitzen ihrer Muttersau. Eine schöne Schweinerei! In der Wissenschaft der Verhaltensforschung hat man neuerdings herausgefunden, dass Ferkel, genauso wie kleine Kinder, einen unbändigen Spieltrieb haben und den sie für Ihre Gesundheit auch ausleben lassen müssen. Toll! Mehr Geld für die Forschung! Andere Wissenschaftler haben nämlich auch herausgefunden, dass Menschen die häufiger Geburtstag haben, länger leben.

Albert kämpfte mit verbissenem Einsatz für die Befreiung der Schafherde von ihrer übermächtigen Winterwolle. Aus der Sicht der begeisterten Zuschauer hat er sich damit bereits für die nächste Weltmeisterschaft in Neuseeland qualifiziert.

Im Garten wird unser Porsche Diesel Team nun auch mit der Edelmarke Ferrari vertraut gemacht. Endlich steht eine funktionsfähige Ferrari Gartenhacke am Boxenstopp beim Gärtnerschuppen und wird von den Gartengroupis gewartet.

Unsere New Hampshire Henne Theresa July wurde bei der letzten Parlamentswahl im Hühnermobil von ihrem Hennenvolk abgekanzelt. Wutentbrannt verließ sie ihren Amtssitz an der Krautstreet 10 und marschierte schnurstracks zu unserem Carport, um unseren alten Mercedes zu demolieren. Wahrscheinlich aus Frust über die deutsche Dominanz auf dem alten Kontinent schiss sie voller Verachtung den silbernen Stern aus Untertürkheim völlig zu. Für uns noch lange kein Grund ihn gegen den fliegenden Engel Emily vom Rolls Royce Silver Shadow einzutauschen. Allerdings sehen unsere drei Althähne nach diesen massiven Mobbing Attacken ziemlich lädiert aus und lassen sich auf der Krankenstation des Waldkindergartens kurieren.

Währenddessen zählt statt zahlt der Hühner Massenkonzentrationshalter Wesjohan („Wiesenhof") aus Süd Oldenburg seine in Malta steuersparend gebunkerten Milliönchen. Öffentlich geförderte Qualzucht mit freundlicher Unterstützung ihres deutschen Finanzamtes. (Der Spiegel 21 2013) Seine Gülle lässt er allerdings lieber hier. Mit der Folge, dass sie die Trinkwasservorräte langsam mit krebsförderndem Nitrat vergiften kann. Vielleicht baut er ja demnächst Trinkwasseraufbereitungsanlagen, damit er die Chance nutzen kann an dieser hausgemachten Katastrophe auch noch mit zu verdienen. Da lobt man sich doch die unerschütterliche Klarheit und Konsequenz des philosophischen Vermächtnisses von Altbundeskanzler Helmut Kohl mit dem Motto: „Entscheidend ist, was hinten rauskommt." Bei der „modernen Form" von Massentierhaltung und Agrarchemie ist das wohl völlig klar. Immerhin schlägt das Umweltbundesamt Alarm und fordert, dass diese Form von Landwirtschaft nach dem Verursacherprinzip entweder per Steuer oder einem Preisaufschlag seine Schäden an Natur und Verbraucher selbst verantworten muss. Dem Bundes- Landwirtschaftsminister Schmidt (CSU) ist das allerdings gar nicht recht. Er fördert jetzt mit 4,6 Millionen € am Bundesamt für Landwirtschaft und Ernährung ein von George Orwell inspiriertes Projekt (Wahrheits-Ministerium) damit die Bürger von den Vorteilen der „modernen" Massentierhaltungs- und Chemielandwirtschaft „richtig" überzeugt werden und selbst blind die Folgen tragen. Schließlich haben die großen Agrarchemiekonzerne wie BASF, Bayer, K+S, und die Banken, - anders als die dummen Steuer zahlenden Biobauern, -   ebenfalls ihre Steuersparanlagen in Malta. „Pack schlägt sich - Pack verträgt sich." Dabei geht es auch um den Kampf der Begriffe. Die das Artensterben befördernden Agrargifte sollen danach unbedingt „Pflanzenschutzmittel" heißen und nicht etwa Pestizide! Von Josef Goebbels lernen heißt sie(lü)gen lernen. Der Massenmord an Behinderten im Dritten Reich wurde schließlich auch von seinem Reichsministerium für Volksaufklärung und Propaganda Euthanasie („schöner Tod") genannt. Die Diskussion um das lebensunwerte Leben soll dadurch versachlicht werden.

Und wie obertoll ist doch das Waffengeschäft USA, mit dem sie für 350 Milliarden $ das saudische Königreich, dem finanziell potentesten Förderer des IS Terrors, ausrüsten und zu ihrer absoluten militärtechnischen Marionette machen. Es ist ja völlig uninteressant, dass man mit diesem Geld **alle Kleinbauern dieser Welt** mit einer Grundausstattung für einfache ökologische Landwirtschaft ausstatten, die Ernährungssituation verbessern, Flucht- und Terrorursachen bekämpfen und nebenbei auch noch die Umwelt entlasten könnte. Stattdessen wird nun der Iran ins Visier der Angriffsziele unseres westlichen Wertebruders genommen und über den US Stellvertreter Saudi Arabien abgewickelt, denn das iranische Erdöl haben die saudiamerikanischen Finanzoligarchen noch nicht völlig unter ihre raffgierigen Finger gebracht. Trump scheint den Saudis schon mal Grünes Licht für den völkerrechtswidrigen Boykott und die Übernahme von Katar gegeben zu haben.

Das katastrophale Politikversagen in allen wichtigen zukünftigen Handlungsfeldern scheint sich in den letzten Wochen weiter zuzuspitzen

- ohne Sinn und Verstand verspricht die deutsche Bundeskanzlerin Merkel den Bauern aus purem Wahlkampfpopulismus auf dem deutschen Bauerntag, sich für die Aufhebung eines Anwendungsverbotes des wahrscheinlich Krebs erregenden Totalherbizids Glyphosat einzusetzen.

- der aktuelle Bericht des NSA Untersuchungsausschusses legt nahe, dass die Bundeskanzlerin durchaus etwas von der Bespitzelungspraxis wissen musste. („Unter Freunden abhören – das geht gar nicht"). Das geht super!!! Hat sie gelernt. In einer Nacht-und-Nebel-Aktion ließ die Bundesregierung die allgemeine Installation eines Bundestrojaner vom Bundestag beschließen, der die Ausspionierung aller Internet- Telefonate und Programme sowie der schriftlichen Kommunikation (WhatsApp) bei Computern, Smartphones und Tablets der Bundesbürger ermöglicht. Versteckt zwischen den Zeilen einer Gesetzesvorlage. „Fahrverbote auch wegen Straftaten zu verhängen, die nichts mit dem Führen eines Fahrzeugs zu tun haben." Nachtigal ick hör dir dröhnend trapsen! Wo bleibt der Aufschrei der Opposition, der Medien? Die einzigen prominenten Verfechter unseres ehemals westlichen Wertesystems bezüglich der informationellen Selbstbestimmung (Edward Snowden, Julian Assange) müssen sich schon seit Jahren in Rußland bzw. in einer südamerikanischen Botschaft vor den westlichen Wertehäschern verstecken. Es geht ja nicht nur um die schleichende dramatische Abschaffung unserer demokratischen Grundrechte. Pragmatisch haben uns die Hackerangriffe der letzten Zeit gezeigt, wie verwundbar und instabil wir unsere gesamte informationstechnische Welt durch solche aberwitzigen Sollbruchstellen machen.

- Die USA, unser angeblicher Verbündeter, hat einen Boykott beschlossen, falls Deutschland eine zusätzlich krisensichere Gasleitung (Nordstream 2) durch die Ostsee nach Rußland bauen lässt. Sie will eine Umleitung über die Ukraine, damit sie über die dortigen, den US Strategen bereits gehörenden Gasgesellschaften, die deutsche Wirtschaft politisch in den Griff bekommt. Altbundeskanzler Gerhard Schröder vom Aufsichtsrat der Gazprom, hat für seine geplante USA Reise kein Visum bekommen, sondern sollte sich in der US-Botschaft „prüfen" lassen, was er dann doch höflichst ablehnte. (Auch keine Titelstory wert?)

- Fein raus ist auch die deutsche Atomindustrie durch ihren völligen Freikauf aus ihrer Verantwortung für den von ihnen verantwortungslos produzierten Atommüll. Die hat nun der bundesdeutsche Steuerzahler (nebst Nachfolger) für die nächsten Millionen Jahre am Hals. Und das noch nicht genug. Obendrein bekommen die Großkonzerne noch 6 Milliarden Euro aus der Steuerkasse, da die Bundeskanzlerin das Atomausstiegsgesetz so schlupflochfreudig gestalten ließ, dass diese es nach einer fukushimamäßigen Schamfrist über das Bundesverfassungsgericht dreist erbeuten konnten.

Ernsthafte Oppositionspolitik taucht kaum noch auf. Die SPD bereitet sich einlullend auf eine weitere Kuschelrunde zu Füßen der Kanzlerin vor. Die Grünen scheinen mit ihrer zunehmenden politischen Selbstkastration beschäftigt zu sein. Und die Spitzenkandidaten (Kathrin Göring Eckart, Mdb, Rebecca Harms MdEP), begeben zur gefälligen Bearbeitung in die babylonische Gefangenschaft der US Lobbyistenmafia „Transatlantikbrücke", wo sie sich außen- und rüstungspolitisch einosten lassen, denn in dieser Himmelsrichtung ist der Hauptfeind des Kalten (und heißen) Krieges im Zweifel immer zu finden. Friedenspolitik aus historischer Erfahrung? Ade, Schade! Unser Praktikant Malwin, der Südostasien bereiste, machte uns auf die spezielle Bauweise von Hühnerställen auf der Hochebene der Tonkrüge (Laos) aufmerksam: Wände aus US amerikanischen Riesenbombensplittern. Dort wurden im Vietnamkrieg mehr Bomben von den USA abgeworfen als während des ganzen Zweiten Weltkriegs in Europa. Auf die Frage: Warum? Antwortete der ehemalige Sicherheitsberater Kissinger: Wissen wir eigentlich auch nicht. Ganz schön doof – oder?

Nur der alte Papst Franziskus macht noch seinen Job. Man dürfe keinem Menschen die Tür zuschlagen, sagte er zum Empfang von Trump im Vatikan. Der sonst überaus fröhliche Mann ließ dabei seine Mundwinkel so hängen, dass es selbst der diesbezüglichen Meisterin aus Deutschland völlig die Sprache verschlagen hätte. Den einzige Witz erlaubte er sich mit Frau Melanie: Warum ihr Mann ständig grinse wie ein Honigkuchenpferd? Antwort. Ich mäste ihn mit slowenischem Pudding. Ansonsten überreichte er ihm seine Friedensbotschaft (sinnigerweise nach dem größten Waffendeal der Weltgeschichte), in welcher er den weltweiten Waffenhandel als das größte Verbrechen an der Menschheit bezeichnet, sowie seine Umweltenzyclika „Laudato

Si“, wo er den Kampf gegen den Klimawandel in den Mittelpunkt stellt. (Die US Klimawandelleugner und Kohlemilliardäre „Koch Brüder“ haben Trump gecastet)

Interessant ist übrigens das Phänomen, das einige alte Männer wie Bernie Sanders, USA und Jeremy Corbyn, GB, trotz allen Gegenwinds der Massenmedien und ungegeelter Rhetorik, dafür gefeilterem Verstand die Herzen und Köpfe junger Menschen begeistern können.

Ein kleines Wort zur Sicherheit auf unserem Hof. Unser flinker verspielter Hofhund Arno ist zu einem Menetekel geworden. Von einem Traktor wurde er erfasst und überrollt. Fatal und traurig!

So sehr wir uns über das große Interesse von Groß und Klein an unserer Arbeit freuen:

hier ist ein wirklich arbeitender Bauernhof. Deshalb unsere dringend Ansage: Alle Eltern und Erziehungsberechtigte müssen während des Hofbesuchs ihre volle Aufsichtspflicht gegenüber ihren Kindern wahrnehmen!

AUGUST 2017

Nach der Wahrheit tasteten
Wie der Schein der Dinge uns trügt,
So trügen auch die Worte.
Wer aus Worten Erkenntnis schöpfen will,
Darf nicht auf ihnen sitzen,
Sondern muss zwischen ihnen, hinter ihnen,
Nach der Wahrheit tasten;
Denn auch die Worte sind Vordergrundsbilder
Und stehen im Alltagsscheine

Franz Marc

Die Johanni-Zeit, benannt nach dem biblischen Jesus-Täufer Johannes, ist längst vorüber. Es war die Zeit, innerlich die vollkommene Ruhe des Sommers, im Höhepunkt des Sonnenlaufs, zu erfahren. Als Gegenpol zur Winterruhe, die sich in der äußeren Ruhe zeigt. Es ist auch die Zeit, die Lichtträger-Pflanze Baldrian zu ernten. Phosphor war für die alten Griechen das Element des Lichtes und der Wärme. Das können wir auch heute noch experimentell nachvollziehen, wenn wir einen gleißend hellen Lichtblitz aus glühendem Phosphor erzeugen. Baldrian, (Valeriana officinalis) ist die dem Saturn, damit auch dem Samstag zugeordnete Phosphorpflanze. Kräuterfrau Andrea bereitet jährlich für die Kompostpräparierung das Baldrianpräparat vor, welches gewissermaßen durch seine Licht-und Wärmekräfte den Wirtschaftsdünger schützend umhüllen soll. Auch wir Menschen können bei Schlafmangel zu Baldrianmedizin greifen, die eine wohlige Wärme im ganzen Körper entfaltet.

Die **Gurkenernte** war in diesem Jahr so enorm, dass sich sogar unsere Schweine an den überständigen Früchten laben durften. Allerdings ist dabei der Nährstoffentzug im Gewächshaus so groß, das wir den Kali Gehalt durch

Beinwell, Hortisol und Brennnesseljauche (natürlich gerührt und nicht geschüttelt!) wieder ins Lot bringen mussten. Speziell die Brennnessel (Urtica dioica) hat eine Schwefel-, Kalium- und Kalzium-Kraft, sowie eine Eisenstrahlung, die in der Lage ist, die Wirkung des Stickstoffs im Boden und in der Pflanze wohltuend zu regulieren. In der Anwendung beim Menschen wissen wir, dass ihre Vielzahl verschiedener Enzyme in der Lage sind Herz und Kreislauf, sowie die Blutreinigung zu aktivieren.

Gurkenpflege im Gewächshaus

Das kühle regnerische Wetter in der ersten Julihälfte verzögerte das Wachstum und die Abreife der **Tomaten** enorm. Der Phytophtora Pilz lauerte auf seine Chance. Eine radikale Bestäubung mit Urgesteinsmehl entzog ihm weit gehend die Angriffsflächen auf den Pflanzen. Daher keine Angst vor etwas staubigen Tomaten, es handelt sich um wertvolle Mineralstoffe. Übrigens sollten Tomaten nicht im Kühlschrank bei unter 12° gelagert werden, weil sich dann wichtige Geschmackskomponenten nicht mehr bilden können. Forschergruppen der Uni Florida und chinesische Wissenschaftler fanden heraus, dass die entsprechenden Gene nicht mehr abgelesen werden und dieser Synthesevorgang nach einigen Tagen völlig zum Erliegen kommt.

33 leichtflüchtige Aromastoffe wurden gefunden, von denen allerdings 13 in den neueren Tomatensorten nicht mehr vorhanden sind. Die alleinige Selektion nach einheitlicher „schöner" Farbe ist also kontraproduktiv, weil die Pflanze Geschmacksstoffe und Farbstoffe aus den gleichen Vorläuferstoffen hergestellt. Die Gene, die für die Fruchtgröße zuständig sind, bestimmen auch gleichzeitig den Zuckergehalt. Daher schmecken kleine Tomaten in der Regel süßer als große. Tomaten sind sogar lernfähig und können sich erinnern, wie sie frühere Angriffe von Fraßfeinden abgewehrt haben. Sie sind in der Lage, die chemischen Verbindungen des Insektenspeichels zu analysieren und festzustellen, um wen es sich handelt. Anschließend rufen sie mit speziellen Duftstoffen den geeigneten Bodyguard herbei. Diesem molekularen Gedächtnis liegen vermutlich epigenetische Veränderungen zu Grunde, über die sich wahrscheinlich alle Pflanzen, Bäume und Kräuter an vergangene Ereignisse erinnern können. Epigenetik (Epi, griechisch „darüber") ist ein übergeordnetes Informationssystem, mit dem die Zelle in der Lage ist, ihre eigenen Gene differenziert an- und abzuschalten, ohne dabei die Gene selbst verändern zu müssen. Um diesen Lernprozess voll ausnutzen zu können, braucht es auch dezentrale biologische Züchtung auf dem eigenen Feld.

Diese Fähigkeiten weiterzuentwickeln, wird derzeit mit einer neuen Strategie der multinationalen Konzerne Bayer, Monsanto, in Afrika hintertrieben und dabei von der US-Behörde USAID sowie der Bill und Melinda Gates Stiftung unterstützt. Ziel ist dabei, durch Übernahmen, Lizenzvereinbarungen und Partnerschaften den lokalen Saatgutmarkt in ihren ökonomischen Würgegriff zu bekommen. Die offizielle Begründung, mit der sie auch die G 20 Länder auf ihre Strategie bringen wollen, klingt allerdings menschenfreundlich. Man wolle den Anbau von insektenresistenten und trockentoleranten Anbau fördern. Selbstverständlich durch Gentechnik. Kürzlich wurde im Fachblatt Nature Methods eine Studie veröffentlicht, die erhebliche Zweifel an der Präzision der neuen Gen Schere CRISP/Cas9 aufkommen lässt. Ein Versuch von Forschern der Columbia Universität in New York an Mäusen mit dieser Methode ergab über 1500 ungewollte Punktmutationen. Der Haken ist auch, dass der von Monsanto in Afrika gespendete angeblich trockentolerante GV Mais bereits in den USA gescheitert ist. Außerdem haben mittlerweile südafrikanische Bauern frei verfügbare trockentolerante Sorten selbst entwickelt, die an die lokalen Bedingungen angepasst sind (African Centre for Biodiversity ACB). Wer die Saat hat, hat das Sagen!

Trotz aller Bemühungen um eine Kreislaufwirtschaft innerhalb des CSA Modells bleibt die Hoftorbilanz negativ. Das heißt, es werden mehr Nährstoffe in Form von Feldfrüchten abgegeben als wieder zurückkommen. Im alten China war es üblich, dass man wenn man zum Essen auf dem Lande eingeladen wurde, vor der Abreise die Toilette aufsuchte. So blieben wertvolle Dünger auf dem Hof, die über eine Biogasanlage und einen Komposthaufen die Grundlage für neue Nahrungsmittel bildeten. Umso mehr werden wir uns mit der Verbesserung unserer Kompostwirtschaft beschäftigen müssen. Ein anderer Weg ist die intensive Nutzung von Mulchmaterial aus Kleegras und Ackerwildkräutern. Mit einem Schlegelfeldhächsler und einem alten Miststreuer bringt Jürgen Berge an Grünmaterial auf die Gemüseflächen und den Komposthaufen. Dabei werden klappernd auch Mengen an Frutti di Mare, (Seeigel, Muscheln, Seesterne) als versteinerte Relikte der Erdgeschichte zertrümmert.

Schlimmer ist es, wie weltweit der Ackerbau und die Tierhaltung auseinandergerissen werden und dadurch Grundwasser und Oberflächengewässer in Folge von Überdüngung und Schadstoffeintrag vergiftet werden. Die furchtbaren Auswirkungen einer solchen Form von „moderner Landwirtschaft" im Golf von Mexiko sind per Satellitenbild aus dem All zu sehen. Die Todeszone im Mündungsgebiet des Mississippi hatte 2016 bereits eine Größe von 1, 5 Millionen ha. Der US-Bundesstaat Ohio, zwischen den großartigsten Flüssen der USA, dem Missouri und dem Mississippi, ist zu einem riesigen industriellen Mastbetrieb verkommen, in dem 21 Millionen Schweine und 60 Millionen Hühner, aber nur 3 Millionen Menschen leben. Eine riesige Güllekloake ergießt sich ins Meer. Als ich vor einigen Jahren den Erben der Herforder Bierbrauerei, Fordemann, kennenlernte, erzählte er mir von seinen Erfahrungen als Kapitän der Bundesmarine vor der US-amerikanischen Küste. In manchen Regionen seien die Reinigungsanlagen der Schiffe schon nicht mehr der Lage gewesen, aus dem Meerwasser einwandfreies Brauchwasser für die Schiffsversorgung herzustellen.

Der Kartoffelacker für die nächste Saison wird von Josh in diesem Jahr schon vorbereitet. Das zweijährige Kleegras wurde gemulcht, die Grasnarbe unterschnitten, zerkleinert und eingepflügt. Eine speziell ausgewählte Gras- und Kräutermischung soll die Drahtwürmer vertreiben, im Winter eine lockere Bodengare herstellen und dadurch ein lebendiges Pflanzbett für die Kartoffeln im nächsten Frühjahr bereiten.

Auf dem Gemüseacker wird der Arbeitsplan für den Pferdeeinsatz von den bösartigen Blutsaugern (blinde Fliegen oder Pferdebremsen) bestimmt, die Tier und Mensch über Tag entsetzlich piesacken. Sobald der Morgen graut, nutzen Jürgen und Jonas die kühlen Stunden, um mit Benny, ausgerüstet mit Häufelpflug und Reihengrubber, schonend das Gemüse zu hacken, ohne die wertvollen Fruchtblätter zu zerstören und die wertvolle Bodenkrume zu verdichten, was beim Schleppereinsatz schnell geschieht.

Unser Hühnervolk hat seine drei Hähne komplett entmachtet. Das hatte tief greifende Folgen für das Selbstbewusstsein und die Aufgabenstellung dieser Tiere. Anstatt sich mit heroischem Mut und Todesverachtung dem Angriff des Hühnerhabichts entgegenzustellen, verkrümelten sie sich in die hinterste Ecke des Hühnernestes, während mehrere Hennen ihr Leben auf dem Schlachtfeld ließen. Derweil basteln die Eierlegerinnen an einer neuen weiblichen Hierarchie, die auch das gegenseitige Bespringen umfasst. Hahn Emil, der die Entmachtung durch die rebellierenden Hennen nur stark humpelnd überlebt hat, hatte diese ungeklärte Situation völlig satt. Er zog mit seinem Kurschatten Friederike in den Pferdestall, um dort sein Glück in einer neuen Zweierbeziehung zu finden.

Um künftig die Anzahl der Legehennen etwas erhöhen zu können, wird an dem selbst gebauten Hühnermobil ein Wintergarten angebaut, sowie die technische Infrastruktur modernisiert.

Die Lobby der alten Energiemonopole hat längst nicht aufgegeben und versucht mit allen Mitteln, die Energiewende zu stoppen, oder gar zurück zu drehen. Zwei der drei der neu geplanten Stromtrassen dienen dem Transport von Kohlestrom und nicht etwa den Transport der regenerativen Energie, wie öffentlich behauptet. Das hat die Wissenschaftlerin Claudia Kempfert vom Deutschen Institut für Wirtschaftsforschung (DIW) herausgefunden. In ihrem neuen Buch „Das fossile Imperium schlägt zurück - warum wir die Energiewende verteidigen müssen" beschreibt sie, wie die Gegner der Energiewende, aller Absurdität zum Trotz, immer wieder die gleichen hanebüchenen Argumente vortragen, um den Sieg der Erneuerbaren aufzuhalten. Denn jeder Tag, an dem fossile und atomare Kraftwerke weiterlaufen, spülen sie den Monopolen Millionen in die Konzernkassen. Die Alternative bestünde in dem massiven Ausbau von Bürgerenergieanlagen, dezentralen Netzen und dezentralen Energiespeichern. Der Monopollobby ist es nun gelungen, abstruse Regelungen und Fußangeln mithilfe von Politik und Verwaltung in das neue Erneuerbare-Energien-Gesetz (EEG) einzubauen und zum Beispiel die Eigenstromregelung zu unterlaufen. Nun sollen mit einem Trick die Bauern, Gewerbetreibenden und auch Privatpersonen für den Selbstverbrauch ihrer eigenen Ökostromproduktion zur Kasse gebeten werden. Wenn wir auf unserem Hof den Strom der Solaranlage nutzen wollten, haben wir es in der Situation zu tun, dass wir sowohl den landwirtschaftlichen Betrieb, die Wirtschaftsgemeinschaft und private Wohnungen zu versorgen haben. Die Solaranlage muss aber laut Finanzamt ein eigenes steuerliches Unternehmen bilden.

Da aber die Solaranlage selbst logischerweise ihren eigenen Strom nicht nutzt, würde auf den gesamten erzeugten Strom die EEG-Umlage fällig, eine Art Besteuerung, weil es sich nach dieser neuen Regelung formal um Fremdstrom handelt, obwohl er auf dem Hof erzeugt wird. Da es keine Bagatellgrenze gibt, zerstören sogar externe Handwerker, die ihr Werkzeug auf unserem Hof anschließen und damit den Eigenstrom nutzen, um die Solaranlage zu reparieren, den Anspruch auf Umlagebefreiung. Aus dieser Bürokratenlogik könnte eventuell ein Akkuwerkzeug des Stromerzeugers helfen, das dem Handwerker ausgeliehen wird. Brenzlig wird es allerdings, wenn Besucher ihr Handy auf unserem Hof zum Laden anschließen wollen.

Ja, beim kleinen Mann da passt der Fiskus schon auf, dass er seine Penunzen kriegt. Ebenso wie bei der sogenannten Griechenland Rettung. 1,34 Milliarden € allein an Zinsen hat die Bundeskasse dabei eingenommen zulasten der x-ten Rentenkürzung für die alten Griechen. Aber wie sollte unser Staat die Umverteilung von Arm zu Reich auch sonst finanzieren? Rund 20 Milliarden € wurde den Kapitalspekulanten über die so genannten „cum cum Geschäfte" für nicht gezahlte Steuern von den Finanzministern Steinbrück und Schäuble erstattet, stellt sich jetzt heraus. Wahrscheinlich unwiederbringlich. Der Staat als Sondersteuereintreiber für die Verteilung an die Reichen! Schäuble als umgekehrter Robin Hood.

G 20: „Und sie redeten und redeten und warden irre am Geiste und sie wussten nicht mehr, warum sie zusammengekommen waren" (Apostelgeschichte). Aber wie sollte es auch anders sein? Die wirklich mächtigen und gesetzlosen Marionettenspieler der Politik, wie Black Rock und Goldman Sachs, saßen ja nicht mit am Tisch. Und dann dieser elende Medien Hype um die spät pubertierenden Hooligans vom Schwarzen Block, die sich nicht zu schade waren, sich als nützliche Idioten der Globalisierung zu prostituieren. Feuer und Gewalt gibt wunderschöne Bilder für die Medien. Gerne betrieben die Medien das irrsinnige Spiel der geistlosen Randalierer, um ihrem verlogenen Selbstbewusstsein ein perverses Erfolgsgefühl zu vermitteln. Black Block betrieb in perfekter Weise die dunkle Seite von Black Rock. Dabei lösen sich die 75.000 friedlichen Demonstranten für die Medien argumentativ in Luft auf. Ähnlich wie Präsident Erdogan, der den inszenierten Scheinputsch in der Türkei für die Vernichtung politisch Andersdenkender nutzt, genießen die Globalisierungsgewinner die Chancen, sich hinter dem schwarzen Block argumentativ verstecken zu können. Das rechte Spektrum der politischen Meinungsmacher in Deutschland ließ die Chance natürlich nicht ungenutzt, um im Vorwahlkampf diesen Prozess als Links zu denunzieren. Das hat gute deutsche Tradition. Wie hieß es schon auf dem Plakaten der Nazis zum mysteriösen Reichstagsbrand 1933: „Zerstampft den Kommunismus - zerschmettert die Sozialdemokratie!"

Dass die Beachtung der hiesigen Politik nicht ganz unwichtig ist, haben die jüngsten Landtagswahlen in Nordrhein-Westfalen gezeigt. Die neue CDU/ FDP Landesregierung hat das Landwirtschaftsministerium umgehend mit einer konventionellen Bäuerin besetzt, die im Verdacht steht, es mit dem Tierschutz auf ihrem eigenen Betrieb nicht so ganz ernst zu nehmen. Die wesentlichen Kompetenzen des Umweltministeriums wurden gleich ans Wirtschaftsministerium verlagert, damit sie dort den Wirtschaftsinteressen untergeordnet werden können. In Niedersachsen steht das gleiche politische Lager schon auf dem Sprung, es ihnen gleich zu tun.

In Frankreich sorgt die neue Regierung Macron für einen kleinen Lichtblick. So ist zum Beispiel mit der 65 jährigen Francoise Nyssens aus der Provence eine Frau als Kulturministerin berufen worden, die sich für Kunst- und Musikerziehung von Kindern einsetzt. In einem Schafstall hatte sie einen Verlag gegründet, der anspruchsvolle Bücher herausbringt. Sie setzt sich für die Verbreitung von Biokost ein und hat eine neue Schule gegründet, die an die Waldorfpädagogik anlehnt und eine Alternative zum elitären scheindemokratischen System bieten will, mit dem Ziel, das Selbstvertrauen der Kinder besonders zu fördern.

Hinweisen möchten wir noch auf die Veranstaltung Pferde stark am 26. und 27. August auf Gut Wendlinghausen, zu der wahrscheinlich einige Hofmitglieder fahren werden. Neben interessanten Vorführungen von Pferdearbeit werden auch neu entwickelte Landmaschinen für den Pferdezug vorgestellt.

Herzliche Sommergrüße
euer Team vom CSA Hof Pente

Unsere Limousin Mutterkuh-Herde

SEPTEMBER 2017

Es ist gut denkbar,

dass die Herrlichkeit des Lebens

um jeden und immer in ihrer ganzen Fülle bereit liegt,

aber verhängt, in der Tiefe, unsichtbar, sehr weit.

Aber sie liegt dort,

nicht feindselig, nicht widerwillig, nicht taub.

Ruft man sie mit dem richtigen Wort,

beim richtigen Namen,

dann kommt sie.

Franz Kafka

In der zweiten Hälfte des Monats September erleben wir die Zeit der Tag- und Nacht- Gleiche. Die Kraft der Sonne zieht sich langsam zurück und überlässt dem bunten Herbst das Spiel mit den Farben und Nebelschwaden.

Eine alte Bauernweisheit sagt: ein Tag im Juli wirkt so viel wie eine Woche im August, oder wie der ganze September. So ist jeder Tag, jede Stunde kostbar für das Einbringen der Herbstaussaat. In diese Zeit Ende September fällt auch das Michaelifest, als Ausdruck des kosmischen Ringens von Licht und Finsternis. Die Begegnung des Erzengels Michael mit dem Drachen als Symbol der ahrimanischen Kräfte. „Das Licht erscheint in der Finsternis, und die Finsternis hat es nicht er(be)griffen" (Johannes 1:5). Dieses Ereignis findet beständig in der menschlichen Psyche statt, als immer währendes Ringen der sozialen und humanen Kräfte mit den antisozialen und inhumanen Trieben.

Vor nunmehr 60 Jahren ließ der damalige Generalsekretär der UNO, Dag Hammarskjöld, im UN Hochhaus in New York einen Meditationsraum einrichten und mit einem Fresko ausstatten. Dieses Bild zeigt einen von oben kommenden Lichtspeer in Form einer Doppelhelix, der einen Eisenerzquader, als Symbol der marsianischen Drachenkräfte, durchbohrt und damit gleichzeitig die Oberwelt mit der Unterwelt verbindet. In die Mitte des Raumes ließ er einen 7 t schweren Eisenerzblock aus seiner schwedischen Heimat stellen. In seiner Einweihungsrede sagte Hammarskjöld: „Aus Eisen hat der Mensch seine Schwerter geschmiedet, aus Eisen hat er aber auch seine Pflugscharen hergestellt. Aus Eisen hat er Panzer konstruiert, aber mit Hilfe des Eisens hat er ebenso auch Häuser gebaut. Der Block aus Eisenerz ist Teil des Reichtums, den wir auf dieser unserer Erde ererbten. Wofür werden wir ihn benutzen?" Vier Jahre später, am 29. September (Michaeli), wurde Dag Hammarskjöld in Uppsala beerdigt. Wenige Tage zuvor wurde sein Flugzeug auf einer Friedensmission im Kongo durch ein Komplott westlicher Geheimdienste (NSA, CIA, MI 5 et cetera) und Bergbauunternehmen zum Absturz gebracht. Das fand 40 Jahre später die Wahrheitskommission in Südafrika unter dem Vorsitz von Erzbischof Desmond Tutu heraus. Diese wollten ein unabhängiges Kongo verhindern, die rohstoffreiche Provinz Katanga abspalten und durch einen permanenten Bürgerkrieg günstige Ausbeutungsbedingungen schaffen. Damit waren sie bis heute sehr erfolgreich.

Nicht nur das Uran für die US-Atombomben von Hiroshima und Nagasaki stammt aus dem Kongo, sondern auch das Coltan in unser aller Handys.

Die Erde ist im Wandel.

Der Superkontinent Pangäa (griechisch pan = ganz, gaia = Erde) zerfällt. Die Nordsee erreicht Hof Pente. An einem heißen Sommersonnentag vor 150 Millionen Jahren wandert eine Gruppe Dinosaurier vom Bramsche nach Bad Essen. Unter ihren Füßen bebt der weiche Schlick des Nordseestrandes, der die tiefen Fährten der fleischfressenden Megalosaurier und der pflanzenfressenden Camarasaurier aufnimmt. Feiner Flugsand verfüllt die Spuren. Im Laufe der Zeit lagern sich viele Schichten von Kies, Ton, Kalk ab und pressen die Szene in dreidimensionalen Tiefdruck.

Vor 70 Millionen Jahren kommt noch einmal Bewegung in die Penter Landschaft. Am Ende der Kreidezeit kollidiert infolge einer nordwärts Drift die afrikanische Platte mit der eurasischen Kontinentalplatte. Die Gesteinsschichten werden gepresst, gekippt und zum Teil steil aufgerichtet. Schwupps! Das Wiehengebirge und die Penter Egge entstehen. Die Saurierfährten kann man heute in Barkhausen bestaunen. Der Durchstich der B 68 Penter Knapp zeigt die einzigartige Schichtung. Muscheln und Seesterne findet man bei uns als Blautonsteine auf dem Kartoffelacker.

Im Jahre 2015 haben die 195 Mitgliedstaaten der UNESCO eine neue weltweite Auszeichnung für Regionen beschlossen, die ein außergewöhnliches erdgeschichtliches Erbe von internationaler Bedeutung aufweisen: die UNESCO Global Geoparks. Der Natur und Geopark TERRA.vita ist einer von sechs Vorbildlandschaften in Deutschland.

Nun ist CSA Hof Pente offizieller Partner von **Natur- und Geopark TERRA.vita.** Umweltdezernent Hartmut Escher vom Landkreis Osnabrück überbrachte persönlich das neue Logo für den CSA Hof Pente, welches die Zusammenarbeit mit dem Natur und Geopark nördlicher Teutoburger Wald, Wiehengebirge, Osnabrücker Land e.V. dokumentiert.

Escher betonte, dass der Hof durch seine spezielle ökologische Wirtschaftsweise zeige, dass Landwirtschaft und Naturschutz keine Gegensätze bilden, sondern ein fruchtbares Miteinander gestalten können. Insbesondere die Vogelstudie habe überzeugend nachgewiesen, dass der Artenreichtum im Gegensatz zu vielen anderen Regionen wachse. Das vielfältige Bildungs- und Kulturangebot des Hofes, sowie die steigende Zahl der Mitglieder zeige, wie groß das Interesse der Öffentlichkeit an einer Landwirtschaft sei, die einen Ausweg aus dem Prinzip des „Wachse oder Weiche" zeige. Daher sei der CSA-Hof ein Lernort, der Zusammenhänge zwischen Landschaftsgeschichte, Landwirtschaft, Natur, Umwelt und Klimawandel praktisch erfahrbar machen könne.

Hoffen wir, dass die Nordsee es sich nicht doch wieder anders überlegt, Bramsche infolge des Klimawandels zur See-Hafenstadt wird und wir als neues Geschäftsfeld ein Strandbad errichten müssen.

Nachdenklich macht es aber schon, dass der Eistresor der Welt Saatgut Bank auf Spitzbergen, umgeben vom Nordpolameer, der Barentsee und Grönland See, 1000km nördlich von Hammerfest, der nördlichsten Stadt auf dem europäischen Festland, in diesem Sommer an der Oberfläche zu schmelzen begann und das Eiswasser langsam in die Anlage lief. Bei der Eröffnung im Jahre 2008 wurde diese Anlage mit der größten Sammlung von Kulturpflanzen begeistert gefeiert als ein „Depot für die Ewigkeit im ewigen Eis von Spitzbergen", eine Arche Noah von heute. So tönten zukunftsblind der damalige EU Kommissionspräsident Barroso und der norwegische Ministerpräsident Stoltenberg. Da nimmt es nicht Wunder, dass Barroso schnurstracks eine vergoldete Frührentnerperspektive als Zuhälter von Goldman Sachs bekam. Und Stoltenberg zum NATO Vasallensekretär von US Gnaden aufstieg.

Übrigens hat Goldman Sachs die Not des durch den Preiskampf der US Spekulanten gedrückten Weltmarktpreises für Erdöl schamlos ausgenutzt. Venezuelas Präsident Maduro sah sich gezwungen, zur Aufrechterhaltung seiner Sozialprogramme die Förderrechte über die größten Reserven der Welt mit einem Nachlass von 70 % an Goldman Sachs zu verscherbeln. Das erfährt man allerdings nicht in der Tagesschau. Wie diese Sendung uns mit Scheininformation immer mehr verblödet, enthüllt das neue Buch „Die Macht um acht - der Faktor Tagesschau" anschaulich.

70 m unter der Erdoberfläche im Permafrost des Gesteins sind 3 mit Beton ausgekleidete künstliche Keller errichtet, in denen mittlerweile rund 500.000 Aluminiumtüten mit unterschiedlichen Samen, verpackt in handlichen Kisten, bei 17° minus gelagert werden. Nahezu 5 Millionen Samentüten sollen es werden, mit Duplikaten von den Banken aus der ganzen Welt. Wie lange das Saatgut keimfähig bleibt, weiß niemand. Weil es dazu keine Langzeitversuche gibt. Die Agrobiodiversität auf den Äckern der Welt geht seit Jahren dramatisch zurück. Hauptursache ist die Agrarindustrie, welche die natürliche Pflanzenvielfalt mit Monokulturen und industriellem Intensivanbau sowie Pestiziden, Insektiziden und Mineraldünger vernichtet. Ebenso die Saatgutkonzerne, welche mit Hochzuchtsorten und Gentechnik die regionalen Sorten mit ihrer einzigartigen Vielfalt von den Äckern verdrängen. Genau

diese Täter wie Monsanto und andere Konzerne durchforsten systematisch die pflanzliche Gendatenbank auch nach konventionellen Pflanzen, um sie zu patentieren. 70 gentechnisch in keiner Weise veränderte Pflanzen wurden patentiert, meist durch das europäische Patentamt in München oder das US-amerikanische Patentamt. Weitere 500 Anträge auf die Patentierung konventioneller Pflanzen laufen. Das hehre Prinzip für die Anerkennung das bisher galt, dass ein Patent immer nur erteilt werden kann, wenn der Nachweis einer Erfindung klar dargelegt wird, diesen Grundsatz hat das westliche Patentrecht längst schleichend aufgegeben. Die Gefahr ist groß, dass die Welt Saatgut Bank und die mit ihr verbundenen Datenbanken, welche die Eigenschaften des Saatguts so genau wie möglich beschreiben, das Gegenteil ihrer guten Absichten bewirken, nämlich anstatt die Welternährung zu sichern und die Biodiversität zu bewahren, helfen, den Wettlauf um die Privatisierung pflanzlicher Genressourcen zu beschleunigen. Der Patentspezialist und ehemalige Mitarbeiter von Greenpeace, Christoph Then, hat Hinweise in den Patentanträgen gefunden, die darauf hindeuten, dass die großen Firmen diese öffentliche Einrichtung weitgehend als Service für sich betrachten und ihre Patentanträge mit copy and paste formulieren.

Die Deutsche Landwirtschaftsgesellschaft (DLG) bekannte Anfang des Jahres: „An einigen Punkten überschreitet der Modernisierungspfad die Grenzen der Nachhaltigkeit, und er gefährdet die Resilienz der Systeme". Jetzt schlägt die Ökologie zurück: manche Pestizide verlieren ihre Wirkung, neue Super(un)kräuter entstehen und die Chemie steht mit leeren Händen da. Dabei ist das Spiel mit dem Erbgut zum Beispiel bei der wichtigsten Nahrungspflanze, dem Weizen, ein riskantes Unterfangen. Sein Genom ist fünfmal so groß wie das von uns Menschen. Es besteht aus 17 Milliarden Basenpaaren. Und die Züchtung brauchte in der Regel einen Vorlauf von 15-20 Jahren, um eine neue Sorte mit neuen Eigenschaften auf den Acker zu bringen.

Für die Getreideernte im nächsten Jahr haben wir die Demeter Züchtung Lichtkornroggen für den Anbau vorgesehen. Sie liefert die höchste Qualität und wird vom Bäcker für unser CSA Brot eingesetzt.

Dass Ratten schlauer sein können als Menschen hat Belinda Martineau in ihrem Buch „Altered Genes, twisted Truth" beschrieben. Ein Drittel der Ratten überlebte die Fütterung mit der ersten GV Anti Matsch Tomate „Savr" nicht. Und Jeffrey Smith behauptet in seinem Buch „Genetic Roulette", dass die Tiere die Tomaten nicht freiwillig fressen wollten. Sie wurden ihnen in pürierter Form durch ein Röhrchen ins Maul geschoben.

Der neue Wintergarten für unser Selbstbau Hühnermobil ist gerade rechtzeitig für die neue Generation fertig geworden und kann nun 150 statt 100 Hühnern Platz bieten. Wir sehen sie schon im Geiste vor uns, wie sie gemütlich frühmorgens in ihren Liegestühlchen sitzen, genüsslich ihren Kaffee schlürfen und die Morgenzeitung lesen, bevor sie ihren Gourmetausflug in den Kleegras Garten machen.

Josh und Malwin beim Bau des neuen ausklappbaren Bodens

Das fertige Selbstbau-Hühnermobil mit Wintergarten fürs Frühstücksbufett

Die Lobby der Massentierhaltung hat in der neuen EU Bio Verordnung in Brüssel ihre Interessen durchgesetzt, um auch angebliche Bioeier zu erzeugen und die ehrlichen Biobauern in Existenznot zu bringen. So müssen ihre Riesenställe nur durch Trennwände in 3000er Einheiten verwandeln, so genannte Kompartimente. Der Auslauf muss nachgewiesen werden, kann aber irgendwo in weiter Ferne vom Stall liegen. Das ist kompletter Humbug. Denn die Tiere bleiben in der Regel immer in der Nähe des Stalls, wo sie Deckung und Schutz suchen.

Unsere **Mutterkuh** Ronja hat einem wunderschön kuscheligen Bullenkälbchen das Leben geschenkt. Ein gutes Zeichen dafür, dass sie den letztjährigen dramatischen Gebärmuttervorfall gut überstanden hat. Rubin heißt es. Die Kinder müssen für den Zuchtverband immer den Anfangsbuchstaben der Mutter tragen.

Als erste Lagerfrucht wurden die **Zwiebeln geerntet**. Sie müssen nun vorsichtig trocken und luftig gelagert werden, damit sie ein ganzes Jahr ihre Würze spenden können.

Martin hat über 100 kg **Honig** ernten können und die Bienen eingewintert. Nun erfolgt die Varroabekämpfung, in der die Drohnenwaben herausgeschnitten werden. **Andrea** und **Josh** haben derweil das **Schafgarbenpräparat** zubereitet, welches die Eigenschaft besitzt, den Schwefel in der richtigen Weise zu den anderen Pflanzensubstanzen in ein gutes Verhältnis zu bringen und vor allen Dingen das Kalium zu aktivieren. Ihr homöopathischer Gehalt an Kieselsäure wirkt außerdem strukturbildend im Komposthaufen.

Eine Antwort auf die fragende Vermutung, ob wir an der nördlichen Burgmauer des Abholraums noch einen Burggraben mit Zugbrücke errichten wollen? Unser Mitglied **Ludwig** hat sich freundlicherweise bereit erklärt, zur Abwehr des immer wieder eindringenden Wassers eine spezielle wasserdichte Isolierung anzubringen und eine Dränage zu verlegen. Vielen Dank!

Unser Praktikant im Bereich Technik, **Malwin**, hat seinen Aufenthalt im Laufe der Zeit glücklicherweise von ursprünglich angepeilten drei Monaten auf über acht Monate verlängert und wird jetzt Heilerziehungspflege in Lübeck studieren. In dieser Zeit wurden in der Werkstatt zur Freude der Hofmitglieder zahlreiche Reparaturprojekte durchgeführt. Die Spitzenleistung war die Konstruktion und der Bau einer Einhebelsteuerung und eines Euroadapters für die Kramer Allrad Heckladeanlage. Vielen Dank für die unerschütterliche Um- und Zuversicht, in Notfällen und -lagen, bei spontanen Brüchen und eiligen Reparaturen stets eine Lösung zu finden! Und unsere allerbesten Wünsche für die Zukunft!

Im Bereich Gartenbau hat **Burkhard** zum August ein einjähriges Gartenbaulehrerpraktikum absolviert. Auch er hat das soziale Klima auf dem Hof bereichert und es war eine Freude, mit ihm zusammenzuarbeiten. Als nächster Schritt wird er übergangsweise eine Gartenbaulehrerstelle an einer Münchner Waldorfschule antreten um anschließend in Würzburg eine feste Stelle zu übernehmen. Vielen Dank und weiterhin so viel Geduld und Begeisterung mit den dortigen Schülerinnen und Schülern! Und schließlich hat auch unser brasilianische Praktikant **Alessandrie** seinen einjährigen Bundes Freiwilligen Dienst bei uns absolviert und nun eine Stelle an einem Bramscher Waldorf Kindergarten bekommen. Vielen Dank für die geleistete Arbeit und alles Gute für die Zukunft.

Neu im Team ist die Praktikantin **Maren** von einem lw. Betrieb in Pente, und die Werkerin Luisa. Zeitweilig hilft auch der von der Abschiebung nach Afghanistan bedrohte Nachbar **Djaba**. Dort hat er für die US Army LKWs gefahren. Sein Bruder wurde von den Taliban erschossen, weil er sich weigerte, sich ihnen anzuschließen.

Herzliche Spätsommergrüße
euer Team vom CSA Hof Pente

„Ein Herr oder Fürst aber,
der dieses Amt und diesen Auftrag nicht wahrnimmt,
sondern meint, er sei nicht um seiner Untertanen willen,
sondern wegen seiner schönen blonden Haare Fürst,
Gott habe ihn zum Fürsten gemacht, damit er sich seiner Macht,
seines Besitzes und seiner Ehre freue,
dass er Spaß daran habe und auch die Möglichkeit,
trotzig aufzutreten und sich darauf zu verlassen,
der gehört unter die Heiden,
ja, der ist ein Narr."
Martin Luther 1526

Goldene Lichtspeere durchstoßen die dunstigen Schleier am morgendlichen Firmament. Schläfrig ruht die Sonne am rotgoldenen Horizont. Im Rausch der Sinne werfen Farbelixiere ihre Lustbarkeiten in den frischen Morgentau. Magische Labore experimentieren in Blättern und Früchten mit den alchemischen Sinneskräften der Natur. Die sekundären Pflanzeninhaltsstoffe, die Anthocyane und Flavone, bereiten die Pflanzenblätter für die Flächenkompostierung vor.

Die im Sommer gesammelten Kamillenblüten, welche unter dem luftigen Dach im Halbschatten gut getrocknet auf ihre Aufgaben im Komposthaufen warten, kommen nun ebenfalls zum Einsatz. Es muss aber die Echte Kamille sein (Matricaria chamonilla) . Von der Hundskamille unterscheidet sie sich dadurch, dass ihr Wuchs insgesamt zierlicher und vielgestaltiger ist. Als dem Mittwoch zugeordnete Merkurpflanze ist der Stängel in sich leicht gedreht (mercurial). Reißt man mit den Fingern den, bei der echten Kamille gewölbten, Blütenboden auf, setzt sie einen apfelähnlichen Duft frei. Im Sommer wurden die getrockneten Kamillenblüten in den Dünndarm eines Schlachtrindes abgefüllt in die sommersonne gehängt und werden nun zu Michaeli über die Winterszeit vergraben. Von der Wirkung des Kamillentees beim Menschen wissen wir, dass er eine wohlige Wärme im Magendarmtrakt verbreitet und angenehm im Dünndarm zu wirken beginnt, weil er in der Lage ist, die Kalkkräfte zu aktivieren und damit die chemischen Ungleichgewichte zu puffern. Ebenso wie dadurch beim Menschen Krampfartiges gelöst wird, kann ein mit dem Kamillepräparat präparierter Kompost den Stickstoff harmonisieren und damit beständiger machen. Zusätzlich wurden dem Kompost feinste Tonminerale zugesetzt. Unser Gartenteam fuhr mit einem großen Container zur Ziegelei Penter Klinker, um dort am Kollergang - als Südstaatensklaven verkleidet - den wertvollen Ton-Steine- Scherben-Staub zu gewinnen. Tonminerale sind tausendmal kleiner als Sandkörner, haben deshalb eine sehr viel größere Oberfläche, mit der sie viele wertvolle Stoffe binden können, die sonst in der Gefahr stehen, ausgewaschen zu werden. Diese Kolloidstruktur ist die Grundlage für die Bodenfruchtbarkeit im Garten. Auch können sich hier leichter Kapillaren bilden, das sind winzige Röhrchen, in denen das Bodenwasser aufsteigen kann. Damit ist der Boden länger in der Lage, auch in Trockenzeiten die Pflanzenwurzeln mit dem notwendigen Nass zu versorgen.

Die Schwalben sind bereits seit längerem auf ihren Urlaubstripp in den Süden gezogen. Wildgänse und Kraniche haben sich auf ihrer Hauptflugroute von Finnland und dem Baltikum auf unserem Hof gesammelt, um in Richtung Südwest das Mittelmeer anzusteuern. Das entspricht in etwa dem Verlauf des Baltischen Jakobsweges, der vom Baltikum über Lübeck und Wildeshausen über die Engterstraße an der Alten Kirche zu Wallenhorst vorbeiführt und schließlich über Köln in Santiago de Compostella endet.

Es ist **Haupterntezeit**. Langsam füllen sich die Vorratslager. Auch die Wintersaaten müssen vorbereitet und pikiert werden. Flinke Eichhörnchen sammeln Haselnüsse, Eicheln und Bucheckern für ihre Winterverstecke. Gott sei Dank leiden sie auch unter der Amnesie von Herrn Alzheimer. Denn demente Eichhörnchen sorgen dafür, dass nicht alle Winterverstecke wiedergefunden werden und sie dadurch als Vermehrungsassistenten der Bäume der Natur so gut wie es geht helfen, sich immer wieder neu zu verbreiten.

Kartoffeleinlagerung vom großen 15-Tonnen-Hänger über das Förderband ins dunkle unterflur-belüftete Kartoffellager

Die **Kartoffelernte** auf „Knors Weide" ist diesem Jahr sehr üppig (Anton Knor war übrigens mein wichtigster Lehrer). Das regenreiche Sommerwetter verwöhnte den leichten Sandboden mit ausreichend Feuchtigkeit, so dass sich die Knollen als „Gold des Sandes" voll entfalten konnten. Der Kartoffelanbau ist in unserer Region noch sehr jung und nur etwa 250 Jahre alt. Angeblich hat der englische Eroberer Sir Francis Drake die erste Kartoffel 1577 von einem Streifzug durch die spanischen Besitzungen in Südamerika mitgebracht. Andere meinen, der englische Admiral Sir Walter Raleigh habe die Kartoffeln 1584 aus Virginia nach Europa eingeführt. Erst 200 Jahre später erhielt der Bauer Joan Heinrich Hartkemeyer vom Fürstbischof zu Osnabrück einen Sack Pflanzkartoffeln und pflanzte sie in den Gemüsegarten, dem Wiebelhorst, wo heute die Gewächshäuser stehen, an. Die Kartoffeln, auf plattdeutsch Tüffelken, wurden von den Spaniern als Tartuffeln von den Engländern als Potatoes und von den Franzosen als Pommes de Terre (Erdäpfel), bezeichnet. In den Hochtälern der Anden, dem Reich der Inka, welches die heutigen Staaten Bolivien, Ecuador und Peru umfasst, fand der spanische Kapitän Francisco Pizzaro im Jahr 1531 die Knollen von längliche Form und rötlicher Schale, deren Kraut blau oder rotviolett blühte. In küstennahen Gebieten hatte die Kartoffel eine rundliche Form mit gelber Schale und weißem oder hellvioletten Blüten. Diese Pflanzen wurden von den Inkas als besonders verehrungswürdige „Gabe Gottes" gewertet und „Papas" genannt. Im Jahre 1565 gelangten einige Knollen durch den spanischen König an den päpstlichen Gesandten in die Spanischen Niederlande und in die Hand des deutschen Botanikers Carolus Clusius. Als botanisches Unikum wurden sie in den botanischen Gärten zu Frankfurt und Wien, sowie in den Lustgärten der Fürsten ausgestellt. Als Modegag machte die Kartoffelblüte am Revers der Anzüge der Herren, sowie an den Ballkleidern der Damen Karriere. Es dauerte etwa 100 Jahre, bis die Europäer entdeckten, dass man die Kartoffeln auch tatsächlich essen kann. Nach dem Motto: „Watt die Buhr nich kennt dat frett he nich" lehnten die Bauern den Anbau zunächst ab. Offenbar hatten sie aus Unkenntnis die ungekochten grünen Knollen probiert und hielten aus dieser Erfahrung das Produkt dieser fremden Welt für ungesund, wenn nicht gar lebensgefährlich. Nicht einmal die Hunde wollten sie fressen. Allerdings wäre der Anbau zu dieser Zeit auf Grund der verbreiteten Dreifelderwirtschaft (Sommerung, Winterung, Brache) auch nicht sinnvoll umzusetzen gewesen. Da die Kartoffel mit sich selbst unverträglich ist und Nachbaukrankheiten die Folge sein können. Wiederholte Missernten im Getreidebau führten jedoch dazu, dass der preußische König Friedrich der Große sich um 1750 für die massiven Anbau der Kartoffeln vor allem in Pommern, Brandenburg, Ostpreußen und Schlesien einsetzte. Weil sich der Anbau mit Gewalt nicht durchsetzen ließ, setzte er auch eine List ein. Da die Bauern den königlichen Erlass nicht Folge leisteten und die Saatkartoffeln, auf den Ausstellungs- und Beratungstischen der Marktplätzen in den Städten und den Kirchplätzen der

Dörfer durch seine Militärs, nicht abgenommen wurden, erließ er eine neue Bekanntmachung. „Die Entwendung von Kartoffeln ist bei schwerer Strafe verboten!" In der Nacht wurden jedoch die tagsüber aufgestellten

Wachen abgezogen und siehe da: im Schutz der Dunkelheit hatten Bauern und Bürger nichts Eiligeres zu tun, als sich heimlich die anscheinend doch nicht so ganz wertlosen Kartoffeln zu besorgen. Im Fürstbistum Osnabrück wird der Anbau der Kartoffeln auf das Jahr 1757 datiert.

Der massenhafte Angriff der Roten Vogelmilbe und seine großtechnische chemische „Lösung", sowie seine internationalen Ausmaße sind typische Produkte von Industrialisierung, Chemiesierung und Globalisierung der Landwirtschaft. Die Rote Vogelmilbe gehört zur typischen Begleitfauna jeder Geflügelhaltung. Dieses winzige Insekt versteckt sich gern in den Spalten und Ritzen der Ställe, dringt in das Gefieder der Tiere ein und saugt ihnen in ekelhafter Weise das Blut ab. Die Tiere sind in den geschlossenen Ställen nicht in der Lage, sich selbst zu schützen. Deshalb werden in der Massentierhaltung chemische Gifte eingesetzt, um die Ställe damit auszuspritzen. Im aktuellen Fall wurde das Kontaktgift Fipronil verwendet, das nie von einer Behörde zugelassen wurde und auch für den Menschen giftig ist. Plötzlich trat eine massenhafte Nachfrage nach Bioeiern auf, so dass selbst Aldi etliche Kunden abweisen musste. Unsere Ställe werden mit dem Hochdruckreiniger gesäubert. Außer Wasser dürfen als Mittel bei uns höchstens Essig und Kalk eingesetzt werden. Um die Vogelmilbe loszuwerden, nehmen die Hühner gern ein Sandbad. Wer sie beobachtet, wie sie sich rekeln, strecken, einpudern, der weiß, wie gut ihnen das tut. Die feinen scharfkantigen Sandkörner sind in der Lage, die Gelenke und Chitinpanzer der Milben zu sprengen.

Unseren Hühnern scheint es derzeit so gut zu gehen, dass sie kürzlich sehr seltsamen Besuch bekamen. Ein **riesiger Uhu**, nicht zu verwechseln mit dem Alleskleber, beobachtete schon seit vielen Wochen von der Kanzel der Windkraftanlage aus höchst interessiert das Geschehen auf dem Hof. Dann wurde er tätig. Am helllichten Tage spazierte er durch die offene Eingangsklappe in das Hühnermobil, kletterte die Leiter in den ersten Stock hoch, fraß zunächst das Hühnerfutter und beförderte dann eine Henne in den Hühnerhimmel. Bei diesen Aktivitäten wurde sie von Alberts Handy Kamera beobachtet und festgehalten. Seitdem müssen wir wohl unsere politische Haltung zum flächendeckenden Einsatz der Videoüberwachung noch einmal neu überdenken. Ob der Uhu nur seine unstillbare Neugier befriedigen, oder sich aus purem Neid eine neue Hühner Identität verschaffen wollte, wissen wir nicht.

Das Ei stellt die Vertrauensfrage. Es ist verschlossen. In der Vergangenheit konnte es als Frühstücksei höchstens Beziehungen zerstören. Wer kennt nicht dank Loriot: „das Ei ist hart!" Welches in der Lage war in wildesten Mordfantasien zu enden. Heute heißt es plötzlich: „das Ei ist giftig!"

Die Schale des Eis ist eine unglaubliche geometrische Kalk-Konstruktion. Man schafft es in der Regel nicht, das Ei in der gefalteten Hand von den Stirnseiten aus zu zerdrücken. So gilt auch das Ei als Symbol für eine verblüffend einfache Lösung eines scheinbar unlösbaren Problems. Der berühmte Renaissancebaumeister Philipp Brunellesci benutzte für die Demonstration der Stabilität, bei der Architektenversammlung für den Bau der Kuppel des Doms zu Florenz, ein Hühnerei. Als Christoph Kolumbus 1493 nach der Rückkehr aus Amerika von Kamin Kardinal Mendoza zu einem Gastmahl eingeladen wurde, machte der seine Forschungsreise madig. Das provozierte Kolumbus zu der Frage: „Wer kann ein Ei auf seiner Spitze auf den Tisch stellen?" Die Antwort darf als sprichwörtlich bekannt vorausgesetzt werden.

Der Himmel scheint derzeit die einzige politische Kraft zu sein, die Donald Trump nach den ungehörten Ermahnungen von Papst Franziskus bezüglich Klimawandel und Rüstungsexporten noch zu stoppen vermag. Dieser schickte nicht nur die Sintflut nach Texas und Florida, sondern auch eine beeindruckende Sonnenfinsternis, die in den USA nur alle 100 Jahre zu sehen ist. Allerdings könnte dies im negativsten Fall seine Gier nach den flutsicheren Tennisplätzen und Villen auf der Krim noch beflügeln. Auch die Briten scheinen völlig überhört zu haben, was die Stunde geschlagen hat. Die Glocke des alten Big Ben, die selbst Hitlers V2 Angriffe auf London trotzig überstand, stellte unmittelbar nach dem Start der Brexit Austrittsverhandlungen ihren Dienst ein.

Wie ein frisch geschlüpftes Pokémon steht unsere Kanzlerin auf der Gamescom, erklärt diese zwischen Infantilismus und Menschenverachtung schwankende Welt zum Kulturgut und verspricht sogar noch öffentliche Förderung! Mit dem Zauberwort Medienkompetenz erschließt sich die Branche neue Märkte, in dem sie unter dem Jubel einiger Kultusministerien Schüler auf ein verführerisches Medium geradezu anfixt. Während die Folgen der gesundheitlichen und sozialen Störungen durch übermäßigen Computergebrauch die Gesellschaft immer mehr belasten, gelingt es den Nutznießern dieser Entwicklung, sich im öffentlich finanzierten Bildungssystem breit zu machen. Das dort dann Gelder zur Förderung von vielfältiger kreativer Fähigkeiten der Kinder und Jugendlichen fehlen, ist die zwangsläufige Folge dieses Irrsinns. Offensichtlich geht es gar nicht mehr darum Fantasie und Schöpferfreude zu fördern, sondern Akzeptanz beim jugendlichen Publikum zu finden. Das Fast-Food-Prinzip funktioniert auch hier. Idiotischerweise unterstützt von wohlmeinenden Eltern in ihrer panischen Angst, als rückständig zu gelten. Dabei ist das Märchen von der Virtual Reality als Trainingsplatz unserer Leistungsgesellschaft längst widerlegt. Während hier einseitig Techniken eingeübt werden, die schnell und oberflächlich Ergebnisse vorgaukeln, verkümmert die Befähigung zu logischem Verständnis und eigenen schöpferischen Ausdrucksmöglichkeiten. Schulen haben die Aufgabe freie und entscheidungsfähige Menschen hervorzubringen und nicht, sie auf Fertigkeiten festzulegen, die kaum komplexer sind als das bedienen einer Kaffeemaschine (Kunstkooperative Rhein-Main).

Wie formulierte der ehemalige US Vizepräsident Al Gore: „Die Konzerne haben unsere Demokratie gehackt... die Reichen nutzen ihren Reichtum, um auch große politische Macht zu erlangen. Wir müssen den normalen Bürgern die Möglichkeit zurückgeben, Logik und Vernunft zu gebrauchen, um politischen Einfluss zu bekommen." (Neue Energie, September 2017)

Der Betriebsausflug zu „Pferde stark" brachte wieder viele neue Anregungen und Einsichten. Bereits zehn-jährige Kinder zeigten sich in der Lage, mit mächtigen Kaltblütern zentimetergenau Bäume zu schleppen und zu balancieren, oder Ackergeräte zu ziehen.

Tobias und seine Mitstreitenden kämpfen derweil unverzagt mit Projektanträgen der N-Bank und anderen, sowie mit den Plänen und Konzepten zur Schulgründung (Freie Hofschule Pente) und den Plänen zum Umbau der Diele. Bürgermeister, Baudezernent und Ausschussmitglieder der Stadt Bramsche waren vor Ort und gaben schon mal vorerst mündlich grünes Licht.

Die diesjährige Bioüberprüfung sowie die Demeter Anerkennung ging im September ohne jede Beanstandung über die Bühne. Sogar das neu überarbeitete Selbstbau Hühnermobil wurde problemlos anerkannt.

Der Hof war in diesem Monat auch wieder das Ziel von zahlreichen Besuchern und Einzelgruppen, unter ihnen diesmal der renommierte Filmemacher Valentin Thurn („Taste the Waste", „10 Milliarden").

Herzliche Grüße
Euer Team vom CSA-Hof Pente

Bodenprofiluntersuchung mit Auszubildenden

NOVEMBER 2017

Im Nebel ruhet noch die Welt,
Es träumen Wald und Wiesen.
Bald siehst du wenn der Schleier fällt,
Den blauen Himmel unverstellt,
Herbstkräftig die gedämpfte Welt,
In warmem Golde fließen.

Eduard Mörike

Ein tränensackverhangener Oktoberhimmel ließ den diesjährigen Ernteeinsatz zu einem Ringen mit Wind und Wetter werden. Selbst die Sonne wurde bei den Fehlplanungen des müden Wettergottes langsam etwas verdrießlich. Mit Ostfriesennerz und Gummistiefeln ausgerüstet, ernteten unsere fleißigen Gärtner trotzdem mehr als ein Dutzend Großkisten, das sind mehr als 4000 kg Hokkaido **Kürbisse**. Das trägt zur Bewusstseinserheiterung bei und lässt die Vorfreude auf eine herrliche winterliche Kürbiscremesuppe wachsen. Am diesjährigen Erntedanktag konnten die Mitglieder darüber hinaus sieben Fässer **Sauerkraut**einmachen. Mitte Oktober war die Geduld der Sonne zu Ende und schob selbst mit aller Macht die Wolken zur Seite, um uns noch die Anmutung eines kurzen Altweibermännersommers zu schenken. Schließlich erwarten wir eine gute **Lagerkohlernte**mit **Rotkohl**, **Weißkohl** und **Kohlrabi**, sowie leckere **Lagermöhren** und **Rote Bete**. Ernte gut, alles gut.

Der reichliche Regen verspricht einen guten **Maisertrag** auf unseren leichten sandigen Böden zu bringen, auch wenn der Mais sich auf noch mehr herbstliche Sonnentage gefreut hätte. Der Mais ist eine **C4-Pflanze**, d.h. er kann die Sonnenstrahlen doppelt so gut wie Getreide einfangen und über das grüne Chlorophyll, die Zellkraftwerke, in Biomasse und Nährstofffülle umsetzen. Unsere Hühner lieben den Mais über alles und verwandeln ihn in herrliche **goldgelbe Eidotter**. Das **Maiskorn** ist ihnen allerdings etwas zu groß und wird deshalb von uns mit Hilfe einer alten **Haferquetsche** etwas zerkleinert, bevor es in unsere Mischanlage gelangt. Es sollte zur Freude der Hühner nicht vermahlen werden, weil die Hühner einen kräftigen, stark bemuskelten Vormagen besitzen, der ständig trainiert werden muss, damit sie sich wohlfühlen. Der renovierte und mit einem Wintergarten erweiterte grüne mobile **Selbstbau Hühnerstall** hat sich bewährt. Die 150 Legehennen bedankten sich für ihr neues Luxusdomizil mit einer Rekord-Legeleistung von 130 Eiern pro Tag. Das weiße Hühnermobil wird nun nach der Reinigung zusätzlich mit 250 neuen Junghennen belegt.

Noch ist das Kraut nicht sauer

Frank und *Tobias* führten einen **Schweißkurs**mit 20 Teilnehmenden der freien Ausbildung in der biologisch-dynamischen Landwirtschaft in unserer Werkstatt durch. Als Ergebnis sind mehrere **Gemüsekistentransporter** für unsere Gärtner entstanden.

Unsere Mitglieder *Michel* und *Oliver*haben mit unermüdlichem Einsatz die **Himbeerpflanzen** vom überwuchernden Beikrautbesatz befreit und winterfest gemacht. *Michel* hat darüber hinaus in unserer Werkstatt das vom Rost zerfressene Dach unseres vom Schrott geretteten zweiten **Fendt Geräteträger** wieder in einen strahlenden Zustand gebracht.

Der im Exil lebender einbeiniger **Hahn Theo** ist zum beliebten Maskottchen begeisterter Kinder im **Waldkindergarten** geworden. In den Ferien vermisst er seine junge Fangemeinde sehr. Traurig klopft er dann mit dem Schnabel an die Küchentür und lässt sich mit einigen Brotkrumen trösten. Der Hahn ist so zutraulich, dass er den Kindern auf den Schoß springt und sein Leben ohne Patientenverfügung als **Invalide** genießt, obwohl er ja nun nicht mehr mit seinem einen Bein scharren kann und damit auf die Lieblingsbeschäftigung der Hühner verzichten muss.

Der letzte, zweite Schnitt von unseren Kräuterwiesen in Ostercappeln wurde noch rechtzeitig geerntet, um daraus **Silage** als Winterfutter für unsere **Rindviecher** zu machen.

Völlig überraschend haben wir ein Angebot zur Übernahme der kompletten **Pferde-Maschinenausrüstung** und zweier trainierter **Kaltblutpferde** einer CSA bekommen, die aufgrund von **Pachtkündigung** aufgeben muss. Mit rund 17.000 € sind die Übernahmekondition außerordentlich günstig. Allerdings überlegen wir derzeit noch, wie wir das finanzieren könnten.

Ein **schwachsinniger** argumentationsfreier **Wahlkampf**, der die Sorgen der Menschen nicht ernst nimmt, kann zu einer **gefährlichen Politikverdrossenheit** führen. Dabei gibt es zahlreiche Politikfelder, nicht zuletzt **Landwirtschaft**, **Klimawandel** und **Verbraucherschutz**, wo klare Antworten und Entscheidungen notwendig sind: Wie stehen Politiker zur flächendeckenden Anwendung des wahrscheinlich Krebs erregenden **Pestizids** Glyphosat in der Landwirtschaft? Wollen wir wirklich, dass über 50 % Hühnerfleischs in den Lebensmittelabteilungen unserer Supermärkte mit **multiresistenten Keimen**(MRSA) belastet sind? Warum werden in der Massentierhaltung die letzten **Reserve-Antibiotika** eingesetzt und damit die Gefahr ausgelöst, dass wir ins medizinische Mittelalter zurückfallen? Warum will die Bundesregierung nicht dem Vertrag zum Verbot von **Atomwaffen** beitreten, den 123 Staaten am 7. Juli 2017 bei den Vereinten Nationen beschlossen haben? Warum setzt sie andere Länder, wie Schweden, unter Druck, diesem Vertrag jedenfalls nicht beizutreten? Gott sei Dank wurde im Oktober den Gegnern dieses Unsinns der **Friedensnobelpreis** verliehen!

Vom 6. bis 11. September besuchte Papst *Franziskus* Kolumbien, um dort den **Friedensprozess** zu unterstützen und einen Massenmord an den FARC-Rebellen, welche zum größten Teil aus Klein-Bauernfamilien stammen, zu verhindern, und die aufgrund der Friedensvereinbarung mit der Regierung ihre Waffen abgegeben hatten. Hintergrund des Konfliktes ist die enorme Konzentration von **Landbesitz** in Kolumbien und der gewaltsamen **Landraub** durch **Großgrundbesitzer**, der etliche Millionen **Kleinbauern** zu **Vertriebenen**gemacht hat. Als ich im Jahre 1999 die Gelegenheit hatte, in Bogota mit dem damaligen Präsidenten *Andres Pastrana Arango* über die Hintergründe und Lösungsmöglichkeiten des Konfliktes zu sprechen, deutete sich über einen **Dialogprozess** und eine **Landreform**eine Lösung an (J. H." Der Dialog ist unsere einzige Chance" in: Frankfurter Rundschau 1999). Dieser wurde jedoch durch massive Waffenlieferungen der USA an die Militärs und die Verteufelung des Dialogs in den Medien hintertrieben (fünf Familien besitzen in Kolumbien alle Informationskanäle). Die staatliche Verordnung aus dieser Zeit, wonach staatliches **Brachland** nur an Kleinbauern Familien vergeben werden darf, wurde mittlerweile aufgehoben. Nun kann dieses Brachland auch an **große Agrar-Multis** vergeben werden.

Hin und wieder sind wir gefragt worden, woher eigentlich der **Hofname** *Hartkemeyer* stammt, was er bedeutet und wie lange er bereits existiert. Das ist nicht ganz einfach zu beantworten, weil der Ursprung dieses seltenen Namens sprach-und bedeutungsgeschichtlich weit zurück in vergangene Zeiten reicht. Wie bei einer Zwiebel wollen wir versuchen, Schicht um Schicht, mit **Geschichte** und **Geschichten** den Bedeutungsgehalt von **Worten** und **Orten** zu umkreisen und dabei neue Sichtweisen freizulegen: Alle bekannten *Hart-*

*kemeyer*auf dieser Welt stammen ursprünglich von unserem Hof. Auch diejenigen in den USA (drei Brüder), die vor etwa 150 Jahren ausgewandert sind.

Der **Hofesname** war in der Vergangenheit so wichtig, dass bei ausbleibenden männlichen Nachfolgern die Frauen den Namen bestimmten und die einheiratenden Männer ihren Familiennamen aufgeben mussten. Das war allein in den vergangenen 400 Jahren fünfmal der Fall:
-der 1607 geborene Christoph Hörnschemeyer
-der 1768 geborene Johann Heinrich Hörnschemeyer
-der 1807 geborene Gerhard Heinrich Hanfeld
-der 1838 geborene Franz Heinrich Langewand
-der 1848 geborene Gerhard Heinrich Stallkamp
Damit war gesichert, dass die Höfe über die Jahrhunderte ihre landschaftsprägende Bezeichnung behielten und Orientierung bei der überindividuellen Zuordnung erlaubten. Ich wurde selbst früher von den Nachbarn „*Hartkemeyers Hannes*" genannt (Hofname zuerst!).

Das erste Element des Namens ist „*Hart*". Darin steckt das Element „ara", was so viel bedeutet wie „hoch" und zum Beispiel in Worten wie Altar (alta **ara**), oder „*Artus*" steckt. Besondere Bedeutung erlangte dieses Element bei der Bezeichnung des heiligen Berges der Armenier „**Ararat**", des ersten christlichen Volkes in Asien. Dieser hebräische Name ist **assyrischen** Ursprungs und benannt nach „**Urartu**", dem ersten Königreich der Region. Am Berg Ararat soll auch nach der Großen Biblischen Sintflut *Noah* mit seiner Arche gestrandet sein. Als ich vor etlichen Jahren Gelegenheit hatte, vom Nationaldenkmal der Armenier in Eriwan (Jerewan) aus, die mächtigen weißen Spitzen des Berges Ararat zu sehen, sah ich zwar keine Arche mehr, aber dafür dazwischen die armenisch-türkische Staatsgrenze. Denn dieser heilige Berg der Armenier liegt in Ostanatolien und ist der höchste Berg der Türkei. Diese Tatsache ist bis heute eine Quelle von spirituellen und politischen Missverständnissen und Streitigkeiten zwischen den beiden Ländern. In den dreißiger Jahren des letzten Jahrhunderts protestierte auf einer Konferenz des

Völkerbundes die Türkei gegen das neue Staatswappen der armenischen sozialistischen Sowjetrepublik, denn es trägt als Emblem den Ararat. Der sowjetische Außenminister *Georgij Tschitscherin* entgegnete erstaunt: „Die Türkei trägt den Halbmond in ihrem Staatswappen, obwohl weder der Mond noch ein Teil davon zur türkischen Republik gehören."

Die **Ebene** von **Assyrien** zwischen dem heutigen Persien, Irak und Syrien, gelegen an Euphrat und Tigris, war einst als der **fruchtbare Halbmond** bekannt und galt demnach als **Ursprungsregion** der **Agrarkultur**. Sie galt aber auch als irdische Inkarnation des biblischen **Paradieses**.

In der altisländischen **Edda-Sage** taucht der Name „*Hart*" im Zusammenhang mit der Weisheitssuche des schwedischen Königs *Gylfi* auf. Dieser begab sich zu diesem Zweck auf die Reise nach dem sagenumwobenen Asgard, dem Sitz der Asen. Vermutlich ist damit der Ort der westfälischen Externsteine gemeint. Nach dieser Sage trifft der nach Einweihung in die Erkenntnisse der höheren Welten strebende König innerhalb einer Halle auf **drei Häuptlinge**. Sie heißen **Hart** (der Hohe), *Jafnhart* (der eben Hohe) und *Thridi* (der Dritte). Der König, der die Weisheit der Asen suchte, um letztlich seine Macht zu vervollkommnen, wird von *Hart* gewarnt, dass dies zu einem Unglück führen müsse, wenn er ihr moralisch nicht gewachsen sei: „Wenn du einen Schritt vorwärts zu machen versucht, in der Kenntnis geheimer Wahrheiten, so machte zugleich drei vorwärts in der Vervollkommnung deines Charakters zum Guten" (*Rudolf Steiner*).

Mitten in der Phase, der durch die Christianisierung **verwandelten**, alten Edda-Sage begab sich im Jahre 1150 die isländische Abt *Nikulas von Thver* über das alte Kloster Corvey nach Rom. Er schildert, wie er von seinem Kloster im Norden Islands aufbricht und über Norwegen nach Aalborg, Jütland nach Schleswig Holstein gelangt. Über den **baltisch-westfälischen Jakobsweg** führte ihn seine Reise weiter über Bremen und Wildeshausen zur Alten Kirche in Wallenhorst. Dann reiste er in östlicher Richtung am Wiehengebirge und Teutoburger Wald entlang über die Externsteine zum Kloster Corvey. An dieser Strecke, berichtet der Abt, „war die Gnitaheide, wo *Siegfried* den Fafnir erschlug". Übrigens leitet sich der Name **Pente** ab von „**Pennethe**", einem

Heidestrauch, der damals auch das Gebiet von Kalkriese prägte. In der neueren mythologischen Forschung wird angenommen, dass sich hinter dem Erzählstrang von *Siegfried* im **Nibelungenlied** der historische **Arminius** verbirgt. Und der Sieg über den schlangenförmigen **Drachen**(Lindwurm) letztendlich als die Vernichtung des etwa 25 km langen **römischen Feldzugs** des römischen Feldherrn *Varus* in Kalkriese im Jahre 9 n. Chr. zu verstehen ist (sh. J.H. „Held im Hinterhalt" in: Die Zeit). Ein Teil der damals durch die Germanen von der römischen Armee erbeuteten **Waffen**wurde später in Alt Barenaue aufbewahrt, der Goldschatz vor Jahren in Hildesheim wiedergefunden. Zur Zeit der französischen Besetzung in dieser Region durch die napoleonische Armee von 1807-1813 wurden diese Beutewaffen nach Paris gebracht. Wahrscheinlich wurden auch in dieser Zeit die alten Hieb-und Stichwaffen aus der uralten, aus schwarzer Mooreiche gefertigten **Waffentruhe** auf unserem **Hof** von den Franzosen erbeutet. Ein Dokument ihrer Anwesenheit ist ein originaler, von den Franzosen ausgestellter Pass auf dem Nachbarhof. Schon als Kind wunderte ich mich, wie unsere Tante *Anna,* die überhaupt keine Fremdsprachenkenntnisse besaß, dazu kam, französische Einsprengsel, wie Portemonnaie, Chaussee, Chaiselongue, oder Trottoir, in ihrem Penter Plattdeutsch zu verwenden.

Der Name **Meyer** läßt ebenfalls eine vielfältige hintersinnige Deutungsgeschichte zu. Im hebräischen bedeutet dieser Familienname in Form von „*Meiir*" (z.B. *Golda Meiir*) „**erleuchtet**"). Im mittelhochdeutschen „*meiger*", bzw. im lateinischen „*maior*" heißt er so viel wie, „der größere", der im Auftrag eines Grundherrn die **Bewirtschaftung** eines **Hofes** durchführt. Der Hof in Pente gehörte zur „**Tafel**" des **Fürstbischofs** zu Osnabrück. Als Relikt der **Abgabepflicht,**die erst vor etwa 150 Jahren endete, wurden noch von meinen Eltern aus dieser Tradition bis vor etwa 50 Jahren jeweils ein Schlachthuhn für das „Schwesternhaus" und jährlich zum Advent mehrere große „Tannenbäume" (Fichten) aus dem „Dannenkamp" für den Altar-und Krippenschmuck der Wallenhorster Kirche abgegeben. So verflechten sich auf dieser Suche nach den Ursprüngen, wie bei einem alten keltischen Muster, oder den unendlichen Gesängen der Barden, verschiedene Erzählstränge.

Übrigens: Der ebenfalls seltene Name *Hörnschemeyer* des Nachbarhofs, von dem im Laufe der Jahrhunderte einige Männer in den „Hof Pente" einheirateten, stammt wahrscheinlich aus der auffälligen Gewohnheit dieses *Meyers,* besondere Schnabelschuhe (**Hornschuhe**) zu tragen.

Das Flurstück östlich vom Hof trägt in alten Flurkarten den Namen „**Wiebelhorst**". Darin steckt mittelhochdeutsch „sich hin und her bewegen" und schließlich auch der Amtsname „*Waibel*" (Gerichtsbote), bzw. in Form von „*Webel*" (**Feldwebel**) ein militärischer Rang. Als „**Horst**" wurde eine versteckte, abgeholzte, sandige **Waldlichtung** bezeichnet. Im englischen gibt es zum Beispiel die US Militärakademie „Sandhurst". Schluß!

Meine Mutter ließ im Jahre 1950 auf den Eichenbalken, der sich heute noch über dem Eingang zum Bauernhof befindet, den Spruch „**Des Gottes Frieden Heimat ist das Haus**" schreiben.

Herzliche Grüße von eurem Team vom CSA-Hof Pente

DEZEMBER 2017

„Jeder von uns hat die Möglichkeit,
die Samen der Gewalt, Zerstörung und Angst umzuwandeln:
In ein Haus voller Wärme
und ein Gewächshaus des Friedens zu schaffen;
die Samen mit unseren Tränen zu befeuchten
und mit unserer Weisheit zu düngen.
Dann wird das, was wir weitergeben,
umgewandelt in etwas Lebendiges und Ganzes.“

Thich Nhat Hanh

Langsam schleicht das ermattete Licht des Tages über den tief liegenden Horizont und stürzt schon bald in die unendliche schwarze Tiefe des Alls. Raureif besträußelt den matschenden Boden. Glitzernde Spinnennetze härten ihre Diamanten in der Kälte der Nacht. Spröde Pflanzen verstecken ihre Köpfe in den Urgründen des Mutterbodens und träumen vom vergangenen Sommer. Der warme Atem der Rinder, Schafe und Pferde bedunstet die kalte Morgenluft. Die längste Nacht des Jahres findet am 21. Dezember ihr Ende: **Wintersonnenwende**.

Spätestens jetzt ist Zeit zur Entschleunigung und zum Nachdenken für alle, die das Hamsterrad zum Lebensinhalt erkoren haben und es mit einer Karriereleiter verwechseln. Der Samen von etwas Neuem kann entstehen, wenn der Geist frei wird vom eifersüchtigen Betrachten des Nichts und der Hirte in uns erwacht: Ein Kind ist geboren (24. Dezember).

Schon wenige Jahrzehnte nach der Geburt *Christi* berichtet der Evangelist *Matthäus* von diesem Ereignis, das den Menschen aller Völker Heil und Erlösung bringen soll. Er verbindet die Weihnachtsbotschaft mit der Erzählung von den **Weisen** aus dem **Morgenlande**, die im griechischen Urtext Magier (magoi) heißen, die dem **Stern** folgen, der sie an die Geburtsstätte des Welterlösers führen soll. Die frühesten Darstellungen der **Drei Magier** um 300 nach Christi lassen sie von Ihrer Tracht eindeutig als **Perser** erscheinen. Das gleiche gilt für das Mosaik in der Südfront der ursprünglichen Christ-Geburts-Kirche in Bethlehem aus dem vierten Jahrhundert. Der um 1200 vor Christi in Pethor am Euphrat in **Mesopotamien** lebende Sterndeuter *Bileam* hatte aufgrund eines Traumes eine bedeutungsvolle Prophezeiung formuliert: „Ein Stern geht aus *Jakob* auf, ein Zepter erhebt sich aus Israel." (4. Buch Moses 2424, 17).

Erst nach der Zeit der gewaltsamen Christianisierung des Abendlandes durch *Karl den Großen* wurden im elften Jahrhundert die Sternenkundigen zu reichen **Königen** erklärt und stehen damit als gehobene Oberschicht den armen Hirten gegenüber. Nach der Zeit der Kreuzzüge verwandelten sich die Weisen schließlich in die **Vertreter** der damals bekannten **Erdteile** Europa, Asien und Afrika.

Zurzeit sieht es wieder so aus, als wenn die Weisheit aus dem Morgenlande, wie sie von *Hafis* und *Rumi* in die geistige Welt gebracht wurde, nicht verstanden wird. Statt weise mit dem Morgenlande umzugehen, erschüttern Bombenangriffe auf das Land von Weihrauch und Myrrhe (Jemen), sowie Boykott und Kriegsdrohungen gegen den Libanon und den Iran durch Saudi-Arabien als militärischem Verbündeten der USA, erneut die fragile Situation im Nahen Osten.

Dankbar denken wir in diesen Tagen an die Zeit, wo wir (*Martina* und *J.*) im Iran Dialogseminare mit den verschiedensten Verantwortlichen aus Politik und Gesellschaft im **Iran** durchführen konnten. Teilnehmende waren unter anderem die Enkelin des Revolutionsführers *Khomeini* und Vorsitzende der iranischen Frauenpartei, sowie dessen Urenkel. Die Gastfreundschaft war überwältigend und das Interesse an einem echten **Dialog** beeindruckend. Für die Veranstaltungen in Teheran wurde uns das aus rotem Marmor errichtete *Imam Ali* Museum zur Verfügung gestellt. *Imam Ali* gilt als der höchste Prophet der Schiiten.

Der ehemalige Präsident *Chatami* empfing uns im Gästehaus der Regierung und hatte persönlich dafür gesorgt, dass ein Interview, dass ich mit ihm über die **Rolle des Dialogs zwischen den Weltkulturen** führen durfte, in der auflagenstarken Tageszeitung Ette laat erschien. Soweit zur Dialogbereitschaft der persischen Menschen, die sich nicht als Araber, sondern als indogermanisches Kulturvolk verstehen.

Das **Weihnachtswetter** wurde früher in dieser Region als prägend für das neue Jahr angesehen. Der erste Blick nach der Christmette galt dem Himmel. So sagten die alten Bauernregeln voraus: „Ist es Weihnacht feucht und nass, gibt es leere Speicher und leeres Fass", aber auch: „Weihnachten im Schnee, Ostern im Klee".
Die Wintersonnenwende galt in der Geschichte der Menschheit immer schon als Fest der Freude, als **Lichterfest**. Dieses Fest wurde mit dem Beginn von Ackerbau und Viehzucht und damit der Agrarkultur nicht nur als spirituelles Ereignis gesehen, sondern auch als exakter Orientierungspunkt für die Anbauplanung, die Bodenbewirtschaftung, die Bestimmung des richtigen Aussaatzeitpunktes genommen. Die Gestirne, die Sonne und der Mond, galten auch als Orientierungspunkte der ersten **Kalender**. Es entstanden noch vor der Zeit der großen ägyptischen Pyramiden bedeutende Kultstätten wie Stonehenge in England und Newgrange in Irland. In Newgrange schickt die Sonne am 21. Dezember einen Lichtstrahl durch einen langen dunklen Gang auf eine dreifache Spirale.

Auch in unserer Heimat entwickelte sich mit der entstehenden Landbaukultur der **Sonnenkult**. Der Name des großväterlichen Hofes mütterlicherseits heißt *Sönnker* im Sönnkenort (Sonnenkult), Gemeinde Neuenkirchen im **Hülsen**. Ein altes Flurstück weist mit der Bezeichnung "**Vor dem hohen Tempel**" auf die spirituelle Bedeutung dieses Ortes hin. Eine auffällige Besonderheit der Pflanzenwelt im Umfeld von spirituellen Stätten, wie zum Beispiel der Externsteine ist das häufige Vorkommen der **Stechpalme** oder **Hülse** (Ilex aquifolium), im plattdeutschen auch „**Hülsekrappen**" genannt. Sie zeichnet sich dadurch aus, dass sie ihre roten Früchte im Winter trägt, wenn ringsum alles Leben in Kälte, Schnee und Eis erstarrt. Sie entwickelt sich gern unter alten Eichen, dem Kultbaum der Druiden. Der spiegelnde Glanz auf den Blättern ist ein besonderer Ausdruck dafür, wie festlich sie mit dem spärlichen Winterlicht umgeht, in dem sie es mit ihrer grünglänzenden Blatthaut in die Natur zurück wirft.

Der erste **Teikei Kaffee** wurde an unsere Mitglieder ausgeliefert. Es war der erste Versuch von *Hermann Pohlmann* und vielen Unterstützern, die **Solidarische Landwirtschaft** nicht nur regional sondern auch **global** zu verwirklichen. Herausgekommen ist ein hoch aromatischer Kaffee, der von Kleinbauern im mexikanischen Bundesstaat Veracruz, statt in einer von Krankheiten bedrohten Monokultur, auf der Basis von Bioanbau im Regenwald geerntet wird. Weil ein Containerschiff in der Lage ist, unsere Atemluft wie etwa 1 Million PKW zu vergiften, gehört zu einer vollständigen Umweltbilanz von Bio Kaffee eine Alternative für den Transport. Dieser Kaffee wurde mit einem Segelschiff von Veracruz in Mexiko direkt nach Bremen verschifft.

Auch in früheren Zeiten gab es zu Weihnachten die Tradition des Schenkens. Besondere Waren wie **Kaffee** standen hoch im Kurs. Zur Zeit der **Kontinentalsperre** durch *Napoleon* verlief die Nordgrenze des **französischen Reiches** zum **Herzogtum Oldenburg** etwa über Menslage und Quakenbrück. Es war streng verboten, ungenehmigt und unverzollt **Lebensmittel** in das Oldenburger Gebiet zu bringen, bzw. **Luxusgüter** wie Kaffee zu importieren. Trotz der von französischen Grenzern (Douaniers) angedrohten Todestrafe für illegale Transporte ließen sich viele **Bauern** den lukrativen **Schleichhandel** mit verbotenen Waren nicht nehmen. Der Quakenbrücker Chronist *Johann Heinrich Laarmann* schreibt zum Beispiel am 8. Oktober 1809: „Es sind 80-100 Wagen mit Kaffee und anderen Kaufmannsgütern unter starker Bedeckung von armierten Bauern mit Säbeln, Flinten und Pistolen nach Osnabrück gefahren".

Aus dieser Zeit ist auch eine lustige **Geschichte** überliefert: *Wilm*, ein Heuermann aus Quakenbrück, lieh sich von seinem Bauern Pferd und Wagen.

In der Sitzkiste hatte *Wilm* zwei Schinken verpackt, die er in Oldenburg gegen Kaffee eintauschen wollte. Er hatte gar nicht vor, die Grenze heimlich zu überqueren. Er stellte sich mit seinem Wagen zu den anderen Fuhrleuten vor den Schlagbaum an der Hohen Pforte, wo Grenzer die Wagen nach verbotenen Gütern untersuchten. Auf die Frage, ob er verbotenen Güter geladen habe, antwortet er gelassen: „Jau, dat häw ick." Die von der scheinbaren Ehrlichkeit überraschten Grenzer fragten weiter: „Wat is dat, wat du up den Wagen häs?" „Schinken!" Lächelte *Wilm* verschmitzt. „Wofeele dann?" „Twei", antwortete *Wilm*. „Un wo häs du dann de beden Schinken?" „Ick sitte drup", grinste er über alle Backen. Ein lautes Gelächter der Umstehenden begleitete das Gespräch, so dass die Grenzer ihren Zorn unterdrückten und antworteten. „Jau goud, de beiden Schinken kanste beholen. De wülste jau woll wer mit trügge bringen." *Wilm*: „dat weit ick noch nich. Dann Tschüß" und fuhr davon.

Korbflechtkünstler *Günter Ballmann* zeigte den begeisterten Mitgliedern an zwei Abholtagen, wie man mit den einfachsten Mitteln aus Weidenzweigen herrlichste Weihnachtsdekorationen schaffen kann.

Unser Mitglied *Ludwig* baute unseren **Lehmbackofen** so um, dass er nun auch mit einer zweiten Tür vom Innenraum aus beheizt werden kann. Mehr als 30 Backfreunde bestaunten nicht nur das neue Werk, sondern buken zur Einweihung eine unübersehbare Menge an Weihnachtsspezialitäten.

Der **Naturforscher** *Rolf Hammerschmidt* krönte in diesem Jahr seine Forschungsarbeiten auf dem CSA-Hof Pente mit einem neuen zweibändigen Werk, voller erstklassiger Bilder und Naturbeobachtungen. Zusammen mit seiner Frau *Lene* untersuchte er in ungezählten Stunden, welche Unmengen an Insekten aus unseren Gemüsegärten von den Singvögeln verputzt werden. Mit seinem unglaublichen Erfahrungswissen und gedanklichen Kombinationsgabe konnte er sehr detaillierte Angaben zum biologischen **Gleichgewicht** auf unserem Hof machen. Merke: *Denken ist wie googeln, nur viel krasser.* Dabei stellte er auch fest, dass alle von den Mitgliedern gebauten Nistkästen von den Vögeln besiedelt worden sind.

Mit den besten Weihnachtswünschen – Euer Team vom Hof Pente

MEDIENSPIEGEL 2017 HOF PENTE

LERNORT ZUKUNFT – SOLIDARISCH LANDWIRTSCHAFTEN

Erziehungskunst, Oktober 2017
Von Tobias Hartkemeyer

Landwirtschaft ist der Bereich, in dem der Mensch direkt Verantwortung für die Erde, die Pflanzen, die Tiere und sich selbst übernimmt. Hier wird das Lebendige durch die Arbeit, durch die Tätigkeit des Menschen gestaltet und für immer verändert. Aber wohin verändert es sich, oder besser: Wohin wollen wir es verändern?

Pro Tag schließen in Deutschland über 30 landwirtschaftliche Betriebe. Dieser langanhaltende Trend hat bald ein Ende, denn schon in 15 Jahren wird es bei dieser Entwicklung keine Betriebe mehr geben, die noch schließen könnten. Landwirtschaft wird es dann zwar noch geben, nur sie wird etwas vollkommen anderes sein, sie wird kaum noch von Bauern gemacht, sondern vor allem von teuren Robotern, die den großen Kapitalanhäufungen gehören. Google, Monsanto und John Deere haben sich hierzu schon zusammengeschlossen. Was geht da vor sich? Mit welchen Ideen und inneren Bildern wird dieser Prozess Realität, ein Prozess, der die Schöpfung gewaltig verändern wird?

Welche Rolle spielt dann die Arbeit und was bedeutet das »Tätigsein« des Menschen in der Welt? Welche Alternativen gibt es?

Fruchtbarkeit fördern statt Sterilität züchten

Seit Jahrtausenden haben die Menschen Pflanzen und Tiere gezüchtet und waren dabei von der Frage geleitet, wie Gesundheit und Fruchtbarkeit gefördert werden können. Seit einigen Jahren haben sich diese handlungsleitenden Bilder vollkommen geändert und teilweise in ihr Gegenteil verkehrt. Nicht mehr die Frage nach der Förderung des lebendigen Prinzips der Fruchtbarkeit ist entscheidend, erstrebenswert ist vielmehr die Beherrschung der Unfruchtbarkeit. Denn die konventionelle Züchtung orientiert sich nicht primär an den Naturgesetzen, sondern an den von Menschen gemachten Spielregeln der Marktwirtschaft. Marktwirtschaftlich scheint es rationaler, dem Bauern möglichst jedes Jahr wieder Saatgut zu verkaufen. Das geht aber am besten, wenn das einmal verkaufte Saatgut nach der Ernte unfruchtbar ist, dann muss es auch neu gekauft werden. CMS-Saatgut (CMS = zytoplasmatische männliche Sterilität) ist eine solche Züchtung, die sich rasant verbreitet und auch im Biobereich samenfeste Gemüsesorten vernichtet (nur Demeter hat das CMS-Saatgut verboten). Ist es nicht krankhaft, dass bewusst Unfruchtbarkeit gezüchtet wird? Solches Denken und eine solche Praxis zu kritisieren ist schwer, denn sie macht betriebswirtschaftlich Sinn und auch keinen Halt vor dem Ökolandbau, denn er spielt nach den gleichen marktwirtschaftlichen Spielregeln. Da stellt sich nur die Frage: »Machen die von uns erdachten Spielregeln dieser Betriebswirtschaft noch Sinn?«

Niemand arbeitet für sich, sondern für die Anderen

Was passiert, wenn ich in der Welt nach bestimmten Spielregeln tätig bin? Wenn ich arbeite, werde ich meist nach vereinbarten Spielregeln bezahlt. Ich erhalte einen Gegenwert, durch den ich mit anderen Menschen in Austausch treten kann. Ich bringe mich mit meinen Fähigkeiten in die Gemeinschaft ein. Ich arbeite damit letztlich für andere. Die Spielregeln des Wirtschaftens sind dafür da, den Austausch zu ermöglichen. Da ich letzten Endes vor allem für andere arbeite, kommt es darauf an, dass ich auch ein Bewusstsein entwickeln kann für die Bedürfnisse des anderen. Doch letztlich arbeite ich nicht nur für andere Menschen, sondern auch für andere Mitgeschöpfe, für den Boden, die Pflanzen und die Tiere. Wenn ich aber noch nicht einmal die Bedürfnisse meiner Mitmenschen wahrnehmen kann, wie kann ich mich auch noch für die anderen Lebensbereiche sensibilisieren?

Man kann Lebensmittel nicht kaufen

Die Entwicklung eines solidarischen, geschwisterlichen Wirtschaftens bedarf neuer Lernorte. Die solidarische Landwirtschaft ist ein solcher Lernort. Hier können Lebensmittel nicht mehr gekauft werden. Sie werden gemeinsam ermöglicht. In der solidarischen Landwirtschaft wird der Mitgliedergemeinschaft jährlich der benötigte Aufwand für den Erhalt der Vielfalt aufgezeigt und damit werden auch die durchschnittlichen Kosten für einen Ernteanteil dargestellt. Jedes Mitglied überlegt, wieviel Anteile er für sich und seine Familie braucht und wieviel er dafür geben kann. Dann wird verdeckt errechnet, ob das Budget gedeckt ist oder ob es der Modifikation bedarf. Ist das Budget abgesegnet, erhält jedes Mitglied seinen wöchentlichen Anteil an der Ernte. Rechtlich werden alle gleichbehandelt, egal wieviel jeder für seinen Anteil bezahlt. Die Lebendigkeit der Beziehung zwischen Hofgemeinschaft und Mitgliedern fördert eine Wahrnehmung der Bedürfnisse der Landwirtschaft und der Möglichkeiten der einzelnen Mitglieder. Mitgliedern steht es frei, darüber hinaus den Hof durch verschiedenste Tätigkeiten zu fördern. So gibt es immer auch Menschen, die sich durch ihre Arbeit einbringen, weil sie es wollen und nicht, weil sie es müssen oder dafür bezahlt werden.

Es gibt aber auch Menschen, die weder durch Geld, noch durch Zeit eine vergleichbare Unterstützung für den Hof leisten können wie andere (zum Beispiel Alleinerziehende). Daher ist der Geldbeitrag individuell und die mögliche Hilfe davon unabhängig. Ein solcher Lernort bildet die Grundlage für ein solidarisches Wirtschaften, das neben der Achtsamkeit füreinander auch die Erde und die Pflanzen und Tiere miteinschließt.

Steiners Anregungen sind heute aktueller denn je

Können auch Kinder hier lernen oder müssen sie in einem Klassenzimmer im Takt des Stundenplans belehrt werden? Was könnten Kinder hier lernen und was brauchen sie später im Leben? Wie können sie Spielregeln für ihr späteres Leben entwickeln, die fruchtbar auf ihr Lebensumfeld wirken? Rudolf Steiner entwickelte vor fast 100 Jahren die Grundlage der Waldorfpädagogik und der biologisch-dynamischen Landwirtschaft. Er stellte auch in der Beschreibung der Sozialen Dreigliederung wesentliche Aspekte für die fruchtbare Entwicklung des sozialen Miteinanders dar. Sie beinhaltet die Solidarität im Wirtschaften, der Gleichheit im Rechtsleben und der Freiheit im kulturellen und geistigen Leben. Wie können sich diese drei Impulse noch stärker durchdringen und befruchten?

Solidarische Landwirtschaft bietet einen lebenspraktischen Begegnungsraum und einen Lernort, an dem erwachsene Menschen neue, handlungsorientierte Wege zu mehr Nachhaltigkeit entwickeln können. Das gemeinsame solidarische Wirtschaften, der Umgang mit den Ressourcen und der Umgang miteinander sind zentrale Themen. Notwendig sind Erwachsene, die sich um ihre Nachhaltigkeit bemühen und diesen Umgang mit den Ressourcen an die nächste Generation täglich vermitteln.

Die solidarische Landwirtschaft steht dem Impuls der Sozialen Dreigliederung der biologisch-dynamischen Wirtschaftsweise nahe, da sie soziale Komponenten mit einbezieht. Doch wie kann der pädagogische Impuls, das heißt die schulische Bildung, in der Landwirtschaft verwirklicht werden?

Schulfächer sollten abgeschafft werden

In Finnland werden gerade die Schulfächer abgeschafft. Gelernt wird in Zukunft in Projekten. Könnte man auch noch einen Schritt weitergehen und die Lernanlässe direkt aus dem echten Leben nehmen? Das Beziehungsfeld der solidarischen Landwirtschaft bietet hierzu viele Möglichkeiten. Anhand von konkreten Projekten stellen sich viele grundsätzliche Fragen und Aufgaben, Gesamtzusammenhänge darzustellen und zu vermitteln. Erde, Pflanzen, Tiere und Menschen – Natur und Kultur – wirken produktiv zusammen. Die Landwirtschaft ist ein Begegnungsraum und Aktionsforschungsfeld für Kinder und Erwachsene, ein Lernort, an dem Zukunft entwickelt wird. Gemeinsam gilt es hier, täglich neue, echte Aufgaben zu lösen.

In diesem offenen Begegnungsraum können Erwachsene vor allem als Vorbilder und Begleiter erlebt werden. Neben ihnen können die Kinder spielerisch ihren individuellen Weg zum Tätigsein in der Welt erproben. Das Lernen ist Teil dieses Spiels. Die Grundlage dieses Lernortes bildet die gemeinsame Kultivierung der Erde, der Pflanzen, der Tiere und der Gemeinschaft.

In dieser Gemeinschaft kann sich eine tiefe Wertschätzung für Lebensmittel und Natur entwickeln. Kinder lernen durch eigene Erfahrung, wie anstrengend es ist, Nahrungsmittel zu produzieren – eine Erfahrung, die man so nicht in Schulbüchern vermitteln kann. Der bäuerliche Arbeitsbereich ist hervorragend geeignet, die Tiefe der Lebenszusammenhänge durch Tätigkeiten erfahrbar zu machen. Hier können die Impulse zum Lernen für alle Lebensbereiche aus der Praxis kommen und Teil eines lebendigen Prozesses sein. Wie Boden, Pflanzen und Tiere zusammenhängen und von Wetter und Klima beeinflusst werden, wird hier deutlich und trägt dazu bei, dass Kinder und Erwachsene ein lebensnahes Verständnis für den Umgang mit den Ressourcen entwickeln. Die Verbindung von Sozialer Dreigliederung, Waldorfpädagogik und biologisch-dynamischer Landwirtschaft ist ein Plädoyer für das Lebendige. Sie ist ein Versuch, mehr Orte zu schaffen, an denen der Mensch das Lebendige gestaltet. Es geht darum, die Erde ins Zentrum der Kultur und der Bildung zu rücken, also Orte zu gestalten, an denen die Beziehung zur Natur mit allen Sinnen erfahrbar ist. Darin liegt die Chance, innere Bilder und Fähigkeiten für die Entwicklung von Fruchtbarkeit in die Zukunft zu tragen.

Auf dem Hof Pente wird in diese Richtung gearbeitet. Lehrer, Schüler, Eltern und Landwirte sind beteiligt. Viel Erfahrung mit Schülern, Schulklassen, Auszubildenden und einem eigenen Kindergarten wurde gesammelt und bildet die Grundlage für die Gründung der Freien Hofschule Pente.

Zum Autor: Dr. Tobias Hartkemeyer ist Landwirt, Lehrer, Aktionsforscher; Mitbegründer des »CSA Hofs Pente« und der Arbeitsgemeinschaft »Handlungspädagogik«.

CSA-HOF PENTE STELLT NEU GEGRÜNDETE STIFTUNG VOR, NOZ 05.06.2017

Präsentierten die neue Stiftung: Der Vorstand mit (v. l.): Kai Brickwedde, Ingo Wiehenkämper und Julia Hartkemeyer sowie das Kuratorium bestehend aus Hans Stallkamp, Dietrich Hoffmann, Julia Essel, Tobias Hartkemeyer und Johannes Hartkemeyer. Es fehlt Johannes Stallkamp. Foto: CSA-Hof

Pente. Auf dem CSA-Hof wurde Im Rahmen der Jahreshauptversammlung die neu gegründete „Gemeinschaftsstiftung Hof Pente" von Vorstand und Kuratorium vorgestellt.

Der Unternehmer Ingo Wiehenkämper – Mitglied des Stiftungsvorstands – stellte die neu gegründete „Gemeinschaftsstiftung Hof Pente" vor. „Bildung für Nachhaltige Entwicklung ist für uns ein wichtiges Thema. Dabei geht es uns vor allem um die direkte Verknüpfung mit der Praxis. Gesunde Lebensmittel, solidarische Landwirtschaft und Artenvielfalt sind wichtige Themen, die wir mit unserer Stiftung auf dem CSA-Hof Pente fördern wollen", so Wiehenkämper. Er sei froh, sich auf diese Weise für das Gemeinwohl einsetzen zu können und ein Projekt zu unterstützen, das auch international zunehmende Beachtung fände. Julia Hartkemeyer aus dem Vorstand der Stiftung betonte: „Die gesamte Gesellschaft hat eine Mitverantwortung für die Erzeugung gesunder Lebensmittel; damit kann man die Bauern nicht allein lassen. In der Umsetzung braucht es dafür geeignete Instrumente, wie zum Beispiel eine Stiftung." Die Stiftung soll helfen, Landwirtschaft auch als Lebenslernort weiter zu entwickeln.

Hans Stallkamp, Mitglied des Stiftungskuratoriums, erläuterte: „Als ehemaliger Landwirt ist es mir wichtig, dass landwirtschaftliche Flächen einem gemeinwohlorientierten Zweck zukommen. Boden wird leider immer mehr zum Spekulations- und Anlageobjekt und Bauern immer mehr zum Spielball internationaler Kapitalmärkte. Wir zeigen, dass es auch anders geht." Die Landwirtschaft müsse wieder aus der Kritik herauskommen, indem sie selbst zur Förderin der Artenvielfalt würde. Denn allein der Bestand von Rebhühnern sei in den letzten Jahren um 94 % zurückgegangen.

Zum Start wurde sowohl Geld als auch Land in die Stiftung eingebracht. Damit wurde nun ein Instrument geschaffen, mit dem die gemeinnützigen Zwecke umgesetzt werden können. Neue Stifter sind weiterhin willkommen. So kann sich die Gesellschaft aus der passiven Rolle des Beobachters befreien und sich konkret einsetzen, Flächen langfristig für eine ökologische Landwirtschaft zur Verfügung zu stellen. Auch soll erfahrbar werden, dass Landwirtschaft viele Mehrwerte für Boden, Pflanzen, Tiere und Menschen schaffen kann.

Bramscher Nachrichten 18.05.2017

ARBEITSPFERDE FÜR DIE LANDWIRTSCHAFT

CSA-Hof Pente setzt auf Pferde als Nutztiere

Zugpferdefreunde auf dem CSA Hof mit Arbeitspferden im Einsatz mit Grubber und Häufelpflug in den Frühkartoffeln. Foto: Hartkemeyer

Pente. Pferdearbeit in der Landwirtschaft? Zugpferdefreunde aus der Region haben sich auf dem CSA-Hof in Pente getroffen und haben auf einem Gemüseacker den Einsatz der Arbeitspferde erprobt.

Pferdearbeit in der Landwirtschaft mutet in der heutigen schnelllebigen Zeit etwas altmodisch, bestenfalls romantisch an. Erstaunlich aber ist, dass in den USA aktuell der Anteil der Flächen zunimmt, die mit Pferden bearbeitet werden. Zudem werden dort wieder vermehrt moderne Pferdegeräte entwickelt. Zu diesem Thema findet in den USA Ende Juni eine große Ausstellung statt.

Die hiesige Debatte um Umweltfreundlichkeit und Krisensicherheit der Landwirtschaft hat offenbar auch bei uns zu einer neuen Betrachtung geführt, heißt es in einer Pressemitteilung des CSA-Hofs. Zugpferdeinteressierte aus der Region trafen sich daher auf dem CSA-Hof Pente und haben auf einem Gemüseacker den Einsatz der Arbeitspferde erprobt. Die Vorteile liegen auf der Hand: kein Lärm, keine Abgase, kein tropfendes Öl stört die Natur. Der Bodendruck ist durch die leichtgängigen Geräte zu vernachlässigen. „Man kann viel früher mit der Beikrautregulierung beginnen, weil hier kein Reifendruck bei feuchtem Acker das Bodenleben zerstört", so Gärtner Jürgen Wolter vom CSA Hof. Nebenbei ist diese Arbeit krisenfest und CO2-neutral, da sie weder vom Erdölimport noch vom Stromnetz abhängig ist.

Die Pferde können selbst gezüchtet und die Arbeitsgeräte selbst entwickelt und repariert werden. Pferdearbeit fördere die körperliche Ertüchtigung, meint Tobias Hartkemeyer: „Mittlerweile wird der Umgang mit Pferden auch im gehobenen Managementtraining eingesetzt. Pferde lügen nicht, sie geben ein klares Feedback und testen die Führungsqualitäten". Die Pferdearbeit soll allerdings auf Hof Pente vorerst nur in den Gewächshäusern und im Gemüseacker eingesetzt werden, wo es auf höchste Bodenqualität und schonende Bearbeitung ankommt. Auch Rosalind Kühnert-Hall ist zufrieden. „Es macht einfach Freude, mit den Tieren sinnvoll und praktisch zu arbeiten".

PRODUZENTEN VS. KONSUMENTEN

Ausgeglichenes Verhältnis sichert Artenvielfalt auf dem CSA Hof Pente

von Rolf Hammerschmidt

Nehmen wir den KOSMOSnaturführer „Pareys Buch der Insekten" von Michael Chinery beim Wort, dann sollen derzeit weltweit bereits ca. 1 Million Insektenarten beschrieben und benannt sein, viele aber noch ihrer Entdeckung harren. Diesem gewaltigen, fast unglaublich anmutenden Mengengerüst gegenüber ist eine angemessene Beachtung zu schenken das mindeste. Diese Vielfalt steht im Wesentlichen den Nahrungsketten der Landlebewesen zur Verfügung. Nur, wir waren lange bereit, diese Schätze zu missachten. Es bedurfte wohl einer Glyphosat Verwendung auf 40 % der Ackerfläche Deutschlands und dem verheerenden Einsatz von Neonicotinoiden mit ihrem ausradierenden Ergebnis in der Insektenwelt, um ein Bewusstsein zu schärfen, dass es so nicht weitergehen darf! Inzwischen werden die Einbrüche in der Artenvielfalt offen diskutiert, gut so, aber nicht ausreichend !

Vor dem Hintergrund dieser neuen Lage ist es dringend geboten, mildernde Wege zu finden und nach den Nischen zu suchen, die der bewährten Funktion der Nahrungsketten noch gerecht werden können. 1971 kamen die Avifaunisten im Altbezirk Osnabrück noch zu dem erfreulichen Ergebnis, dass die Naht des Übergangs der Norddeutschen Tiefebene zum Wiehengebirge über eine außergewöhnliche Vogelbesiedlungs-Dichte verfügte. War das Ergebnis inzwischen überholt, vielleicht im Zuge einer konventionelleren Landwirtschaft gar ausradiert? In diese Frage einzusteigen, war der Antrieb für neuere Untersuchungen. Das erste Ergebnis ist bekannt und publiziert. Zusammen mit meiner Frau Lene und meinem Freund Heinz Düing habe ich die

Brutsaison 2015 durchgehend beobachtet und verhört, gestrichelt und ausgewertet. Mit großer Freude errechneten wir für 20 ha Fläche eine Abundanz von 24,79 Brutpaaren pro ha – absolut ein Toppergebnis! Hier in der „anderen Landwirtschaft", eingebettet in den Waldgürtel des Wiehengebirges, ticken die Uhren eben anders!

Der mit einer Futterverknappung im Gleichschritt zunehmend rückläufige Bestand unserer insektenfressenden Singvögel ist weiter auffällig und wird inzwischen allgemein beklagt. Hieß das etwa, nun hat es auch Pente erwischt? Das zu klären, erwies sich allerdings als eine Herkulesaufgabe. Ich nahm Kontakt mit meinen fotografierenden Naturfreunden auf, die an dieser bevorzugten Linie zwischen den zwei Großlandschaften wohnen und wirken. Die überwiegend in den zurückliegenden 5 bis 10 Jahren protokollierten Erlebnisse der Bildautoren brachten mich schell auf die Idee, die umfassenden Dateien zu sichten und zu einer Bildreihe zu verdichten, die immerhin so noch gute Aussagen machen konnte zu der jüngeren Artenvielfalt. So entstanden Bildserien über die Futterpflanzen der Raupen unserer Schmetterlinge mit Hinweisen auf bevorzugte Natur- und Kulturpflanzen, ein Artenkatalog zeichnete sich ab zur Befriedigung der Nektarsucher, Blüten und Früchte erreichten „Tankstellenfunktion" , spannende Einblicke in die Lebensgewohnheiten von Schnecken und Käfern wurden offen, Symbiosen mit Ameisen blieben nicht verborgen, immer neue Aussagen zum alles entscheidenden Thema „Nahrungsketten" drängten sich nach vorn. Ein förmlicher Bildband wuchs heran.

Aber wie sah es nun 2017 wirklich mit der Artenvielfalt auf dem CSA Hof Pente aus? Auf meine Anregung hin hatte das Hofteam im Jahr zuvor Vogelnistkästen gewerkelt und wechselgrünlandnah aufgehängt, zum einen an der Lindenallee und desweiteren im Bereich der Kastanienallee. Dort bestand für den Hof der größte Bedarf auf Raupenverzehr. Nur war ich mir nicht so ganz sicher, wie das wohl mit der Umverteilung der Biomasse aussehen würde. Ich nehme vorweg, es hat geklappt. Alle 14 Kästen meldeten erfolgreiche Bruten (2 x Blaumeise und 12 x Kohlmeise). Das allein war die Mühe wert gewesen!

Nirgendwo sonst im Bramscher Raum wurde eine 100%ige Besetzung verbucht. Kein Futter mehr für unsere Vogelwelt traf hier nicht zu!

Ich hatte mir detailiertere Untersuchungen am Kasten Nr. 11 an der Lindenallee vorgenommen. Vom Bulli aus hatte ich einen guten Blick auf die Linde und den Kasteneingang. Ab dem 1.Mai habe ich dort 19 Tage mit stundenweisen Unterbrechungen gesessen, gezählt und ausgewertet, einmal die Fütterungsfrequenzen, unterschieden nach Tagesrythmus und zufälligen Wetterkapriolen, die unterschiedliche Beteiligung der Geschlechter, deren Brutverhalten und alle Besonderheiten vermerkt. Männchen und Weibchen zeigten da so ihre Eigenarten. Ich nutzte jede Gelegenheit, Fotodokumente zu erstellen. Die Bestimmung und Zuordnung der Futterpakete waren nicht ganz einfach. Ich wusste allerdings Gerrit Marks im Hintergrund, der mir in diesem Punkte stets helfen konnte. Mehr zufällig machte ich an dem Standort noch eine tolle Erfahrung. Die jungen Kohlmeisen flogen am 19.Mai, also nach 19 Tagen Nestlingszeit aus. Gelesen hatte ich vorher, dass dieses Ereignis nach Wikipedia und G.Brodowski nach einer Nesthockerzeit von 20 Tagen stattfinden würde. Und sofort standen neue Fragen im Raum. In Bramsche beobachtete ich den Ablauf bei zwei weiteren Kohlmeisenpaaren und siehe da, die Jungen vom Paar I flogen am 22. und die vom Paar II erst am 23. Tag aus. Ich muss derzeit noch offenlassen, ob hier Futtergründe eine Rolle spielen können. Auch steht nicht fest, ob es ein Zufall war, dass die beiden Blaumeisenpaare in der Zone 55-60 m üNN , die Kohlmeisen jedoch bei 70-75 m üNN brüteten. Von den abiotischen Umweltfaktoren Temperatur, Lichtintensität, Feuchtigkeit, Konkurrent, Fressfeind und Parasit kommt möglicherweise dem Element Mikroklima eine besondere Bedeutung bei. Es bleibt einer späteren tiefer gehenden Untersuchung vorbehalten, Mikroklima-Indikatoren festzustellen, zu bewerten und zu analysieren.

Für mich bleibt heute zusätzlich die Frage offen, wie es um die Biomasse steht, wenn auch im Kernbereich der Streuobstwiese noch Nistgelegenheiten angebracht werden sollen. Ich freue mich, dass 2017 ein kleiner Schritt zur Erfassung von quantitativen Nahrungselementen am CSA Hof eingeleitet wurde. In einer Kooperation von der Carl-von-Ossietzky Universität der Uni

Oldenburg und dem Bernhard-Nocht-Institut für Tropenmedizin in Hamburg sollen jeweils an 150 Standorten in Deutschland von April bis Oktober Stechmücken gefangen und untersucht werden. Dem Institut geht es primär darum, die Risikobewertungen für Stechmücken-assoziierte Krankheiten zu verbessern. Vielleicht lässt sich aber auch aus einem Vergleich der Ergebnisse aller 150 Standorte etwas Grundsätzliches zur Quantität in Pente sagen. Und dann setze ich noch auf die Hochschule von Osnabrück, dass u.U. Bachelorarbeiten ausgeschrieben werden, um die Biomasse am CSA Hof in Pente zu ergründen.

Vor dem Hintergrund einer besonderen Aktualität 2017 möchte ich noch etwas erläutern. Nachdem der Uhu flächendeckend seine Reviere verteilt hat, auch Pente allgemein zum Verbeitungsgebiet zählt, hat er sich als eine Art „König der Nahrungsketten" etabliert und z. B. auch streunenden Katzen und Hunden gezeigt, wer der „Herr im Revier" ist. Diesen Tabellenplatz kann der Großeule außer dem Menschen derzeit bei uns niemand streitig machen. Er legt nicht nur die Häute von ausgeweideten Igeln hier und dort auf einer Schornstein-Abdeckung ab oder nimmt am Lurchgewässer „Blauer See" in Pente die meist „huckepack" zum Laichen ankommenden Erdkröten in Empfang. Mit dem Quetschen der Beute verlieren deren Weibchen häufig ungelegte Eier, die danach am Ufer vertrocknen. Bei seinem ersten Besuch im Hühnermobil am CSA Hof fiel einem Uhu zum Ende des Sommers ein Huhn zum Opfer.

Es hat mir auch 2017 erneut viel Freude bereitet, der Lebensgemeinschaft im Hofbereich ein paar Geheimnisse abzulocken, sozusagen „nachzufragen", wie die Erfüllung der immensen Ansprüche gelingt - Darüber hinaus kann ich nur sagen, für die Gesamtarbeit wünsche ich mir, dass sie allen Interessierten später noch zur Verfügung stehen kann.

WEITER GEHT'S!